建筑模型设计与制作指南

（第3版）

[美国]克里斯·B. 米尔斯　著

李哲　肖蓉　王立亚　译

江苏凤凰科学技术出版社 · 南京

Title:Designing with Models: A Studio Guide to Architectural Process Models, 3rd Edition by Criss B.Mills, ISBN: 9780470498859 / 0470498854

Copyright ©2011 by John Wiley & Sons, Inc. All rights reserved

Published by John Wiley & Sons, Inc., Hoboken, New Jersey

Published simultaneously in Canada

图书在版编目（CIP）数据

建筑模型设计与制作指南 ／（美）克里斯·B．米尔斯著；李哲，肖蓉，王立亚译．－－ 3版．－－ 南京：江苏凤凰科学技术出版社，2024.11
ISBN 978-7-5713-4343-9

Ⅰ．①建… Ⅱ．①克… ②李… ③肖… ④王… Ⅲ．①模型（建筑）－设计－指南 ②模型（建筑）－制作－指南 Ⅳ．① TU205-62

中国国家版本馆 CIP 数据核字（2024）第 074300 号

建筑模型设计与制作指南（第 3 版）

著　　　者	［美国］克里斯·B．米尔斯
译　　　者	李　哲　肖　蓉　王立亚
项 目 策 划	凤凰空间／孙　闻
责 任 编 辑	赵　研　刘屹立
特 约 编 辑	孙　闻

出 版 发 行	江苏凤凰科学技术出版社
出版社地址	南京市湖南路 1 号 A 楼，邮编：210009
出版社网址	http://www.pspress.cn
总 经 销	天津凤凰空间文化传媒有限公司
总经销网址	http://www.ifengspace.cn
印　　　刷	河北京平诚乾印刷有限公司

开　　　本	787mm×1 092mm　1／16
印　　　张	17
字　　　数	220 000
版　　　次	2024 年 11 月第 1 版
印　　　次	2024 年 11 月第 1 次印刷

标 准 书 号	ISBN 978-7-5713-4343-9
定　　　价	98.00 元

图书如有印装质量问题，可随时向销售部调换（电话：022-87893668）。

目录

第一章

模型类型
设计过程中使用的典型模型类型

本章阐述了模型的专业术语、发展顺序及其在类型学中的应用。另外，本章用模型实例介绍其在建筑环境中的常见用法，并对模型进行分类。

模型制作有多种方法,其术语会在不同场合使用。下面列出一些常用术语定义。

我们讨论的所有模型(如概要模型、组合模型、拓展模型等)都被认为是研究型模型。通常来说,它们可以用来表达设计思路,同时作为进一步改进的工具。从快速、初步的建筑设想到确定的最终方案,都离不开它们。无论这些模型处于什么形式,"研究型模型"这个词都意味着它们总与调查研究和进一步改进有很大的关系。

研究型模型一般可分为主要模型(primary model)和次要模型(secondy model)两种。主要模型与设计进展的水平和阶段有关,次要模型涉及一些特殊的部分以及工程中被关注的某些方面。根据被关注的具体程度,一个次要模型可以被制作成一个主要模型。例如,一个本用来设计内部空间的模型可以作为内部模型,也可以作为概要模型、拓展模型或者展示模型。

除了研究型模型,广泛使用模型的另一个领域是工业设计。在这个领域的模型我们称之为工业设计模型。

主要模型在概念上较为抽象,主要用来研究设计的不同阶段。包括概要模型、示图模型、概念模型、组合模型、实体(中空)模型、拓展模型。

次要模型用来观察特殊的建筑物或者场地的组成部件。包括表现(最终)模型、场地等高线模型、背景模型、城市模型、周围环境(基地配景)、室内模型、剖面模型、立面模型、框架模型(结构模型)、连接模型(细部模型)、工业设计模型。

主要模型

概要模型

概要模型属于初始阶段的研究型模型，与三维手绘草图类似，一般用来提高创作时效和记录创作灵感。

概要模型通常不过分注重工艺，而是提供一种快速展现空间的方法。模型作为一种研究空间的工具，常被修改或做切割处理。这些模型也可以用来研究一般设计方向的一系列方案。虽然本书展示的许多模型，其制作的主要目的是进行富有表现力的探索，

但当要求更为精确的制作或者用来研究围合、比例以及空间的形式特点时，概要模型同样具有价值。

通常概要模型制作起来规模较小，可使用廉价的材料，比如刨花板或海报板。

下面展示了概要模型的一些应用，从小型建筑构思到对空间理念和场地关系的研究都有。

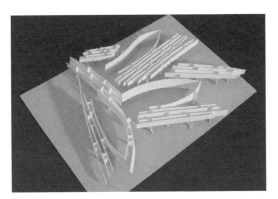

概要模型 3
在设计阶段的初期，可以通过制作小型概要模型，研究基本的建筑组织，反映建筑与其所处环境之间的大致关系。

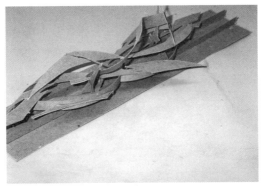

概要模型 1
概要模型可以用来研究许多组件之间的基本关系。

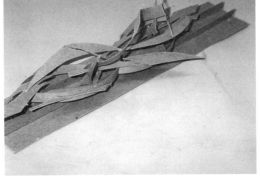

概要模型 2
概要模型可以传递建筑空间流动的信息。在这种情况下，模型是绘画练习的一种"转译"，使绘画通过模型开始融合到设计中。

概要模型 4
概要模型可以用来探索概念上的想法并将其实现，图示模型展示了项目空间和灯光设计思路。

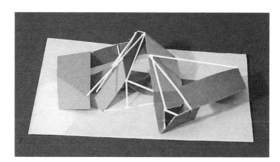

概要模型 5

概要模型可以用来观察空间的内部路径和外部动线的情况。图示模型使用了"折叠"手法作为建立空间的方式。

概要模型 7

概要模型可以清楚地表达图纸和图表的基本意图。最初的草图设计着眼于交叉路径的方案，通过探索各种变化来完善初始的方向。

概要模型 9

概要模型可以用来研究基本的组织原则。图示模型是圆形方案的小型概要模型，它展示了各层如何定义空间。

概要模型 6

概要模型可以用来研究模型形态和连续性。图示模型是一个初始的折叠形态，它是后续设计发展的基础。

概要模型 8

概要模型可以探索重叠空间之间的三维关系。图示模型为备选的概要模型，这些模型用于探索交叉路径在基本方案中的设计变化。

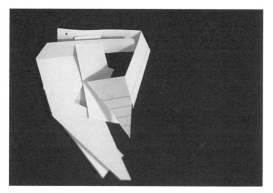

概要模型 10

概要模型可以用来查看楼层情况，以及层与层间的关系。图中模型为用卡片纸制作的一个小型折叠模型，可以用来探索建筑的剖面关系和建筑与三角形基地的呼应情况。

示图模型

示图模型与概要模型、概念模型同为一类。作为二维平面方案的参照物，可以表现设计方案、结构、环境与基地之间的抽象联系。

尽管它们都用于展现设计方案，但示图模型的三维特性能够描述空间，因为它与设计中的建筑主题直接相关，并能够为进一步的设计明确思路。

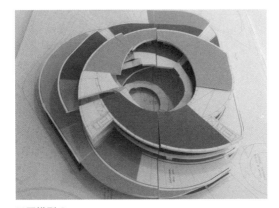

示图模型 2
示图模型可以用来研究场地布局的组织关系。

示图模型 4
一个小模型，用于绘制抽象的场地关系，并建立初始的构造元素，如图形元素。

示图模型 1
一个由两条汇聚线组成的小型示图模型，设定了项目将要穿过景观的路径。

示图模型 3
一个用点定位场地关系的示图模型，列出了关键的组织概念。

示图模型 5
另一种简单的示图模型，可以用来描述间接列元素和轴向分量之间的对照（比）关系。

概念模型

概念模型在一个项目的初始阶段制作,用来研究项目的抽象特性,比如物质属性、场地关系、解释性主题等,这些模型可以被看作是概要模型的一种特殊形式,并被用作"遗传编码"来获悉建筑学的方向。

转译的方法有很多,比如,用绘图来解剖模型,使用有暗含性的几何图形,因形式的特性而产生的效果,或者解释文字上的主题。下面的概念模型是在几个不同项目开始阶段制作的。虽然它们作为遗传信息的作用是相似的,但概念的基础完全不同,并且表明了概念可以变化的程度。从这些模型中衍生了其他几个概念模型的例子和建筑学的解释,详见第二章。

概念模型 3
概念模型可以用来研究色调、灯光和阴影。

概念模型 1
相互关联的组件模型,形成一个"机构",进而可以产生辅助读数(secondary reading)。

概念模型 2
概念模型可以用来研究灯光和材料的抽象特性。

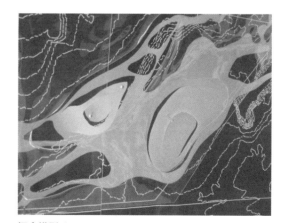

概念模型 4
概念模型可以将水的抽象特性转化为固定材质。

组合模型

组合模型是一种用来展示体量的简单模型，其典型的特征是没有开口。这些模型可以按照很小的比例来制作，由于它们缺乏细节，所以可以在设计初期快速反映建筑物的尺度大小和比例关系。

组合模型在使用上与概要模型、实体（中空）模型有相似之处。有时，它们的局部可能要使用实体（中空）模型来制作。

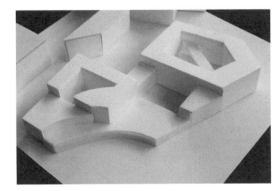

组合模型 3
组合模型只规定了外部空间的极限和范围，而没有处理空间空洞和内部关系的问题。

组合模型 1
由泡沫材料制作的组合模型，用于展现螺旋状的基本空间形式。

组合模型 2
一组研究备选方案的组合模型，展现了对空间做减法的空间形式，并通过泡沫材料的堆叠实现其形式的变化。

组合模型 4
组合模型可以由任意数量的体块构成，它们固有的特点是没有开口。

实体（中空）模型

实体（中空）模型可以用于制作拓展模型或者概要模型，与组合模型不同的是，它展现了一座建筑开放空间区域和闭合空间区域之间的关系。这类模型通常比简单的组合模型更有价值。与组合模型相比，它可以避免组合模型带来的对建筑特征的潜在误读，特别是在非传统的设计上。

以下案例所展示的模型已经达到拓展模型的阶段。虽然，这些研究可能是在小比例尺下完成的，但仍然可以反映出开放空间与闭合空间之间的关系。比例尺造成的主要区别是，当模型尺寸缩小后，一些小的开口可以被忽略。

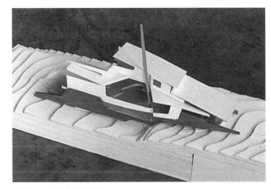

实体（中空）模型 3

在这个模型研究中，墙体、平面屋顶的中心空洞和线性特质都得到了展现。

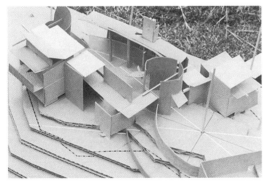

实体（中空）模型 1

这种模型介于拓展模型和改进后的概要模型之间。（注：所有主要的空间都组合起来，以反映建筑物的灯光和空旷的特点。）

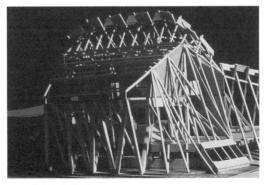

实体（中空）模型 2

这个模型代表了一种极端的情况，在这种情况中，空间更为重要，纯粹的体块组合提供了一种对空间的理解。

实体（中空）模型 4

在此阶段已经建立了复杂的几何图形，但模型尚不能定义玻璃平面和材料层次结构。

实体（中空）模型 5

图中所示模型并不是简单的组合拼接，而是可以在设计的早期，研究项目空间开放与封闭的关系。

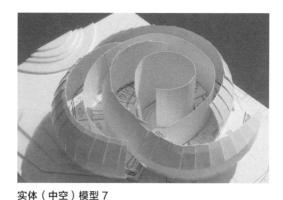

实体（中空）模型 7

图中所示模型保持了内部空间的开放，以便在拓展过程中处理外表面和体积之间的关系。

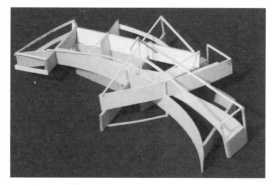

实体（中空）模型 9

图中所示模型颠倒了实体与中空部分的关系，并强调中空空间而不是实体空间。

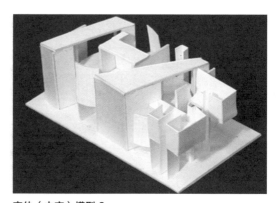

实体（中空）模型 6

图中所示模型表现了实体与开放空间之间的一种深思熟虑过的平衡，可以从中看到非常具有启发性的空间关系。

实体（中空）模型 8

图中所示模型清晰地展示了通过主体中心的路径，而并不是单纯地展现实体模型的设计体量。

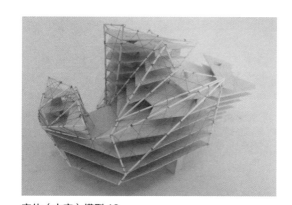

实体（中空）模型 10

一系列分层形成的中空模型十分具有开放性，并且可以展示建筑物的大致体量。

拓展模型

使用拓展模型，意味着早期的设想已经得到实施，接下来的研究正在进行。使用拓展模型也意味着所有的几何图形已经确定，而且在模型展示之前，将至少实施一个研究的中间阶段。这一阶段包括寻找墙体处理的多种手法，改进比例，或者寻找其他处理的方法。

比起之前的概要模型，拓展模型在尺寸上明显增大了，拓展模型允许设计者将注意力集中于设计的下一环节。

在某种程度上，以下案例可以被认为是最终的模型。但拓展模型与其他模型的主要区别在于，拓展模型在本质上仍是建筑形体关系的抽象展现，并且仍然可以进行修改和改进。此外，它们没有精细到能够反映材料厚度和外墙装配玻璃的程度。

许多情况下，在进一步的研究之后，建筑设计可以用一个拓展模型来结束，或者使用绘图来表现最终的细节。

有关拓展模型以及它们在建筑设计过程中所起作用的更多内容详见第二章的"拓展"一节。

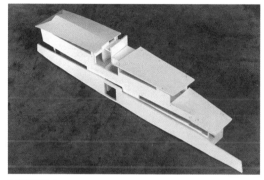

拓展模型 1

经过多次研究，拓展模型能够准确地反映基本的建筑设计构思。在这一过程，建筑的内部关系以及墙体和屋顶的形式也得以改进。

拓展模型 2

一旦在项目中确立了所有基本的概要关系，模型的规模就需要增加，以解决其内部空间的设计问题。

拓展模型 3

如图所示，这是拓展模型的一种典型表现。建筑体量之间的关系已经建立，但是开窗和其他细部仍在推敲之中。

拓展模型 4

此图展示了对材料和比例的精确研究。在这个阶段，设计者已准备好开始深化第二层建筑结构的细节。

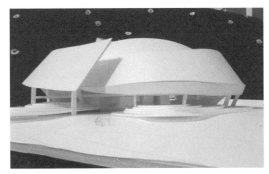

拓展模型 5

如图所示，模型已经确立了所有的基础关系，并开始研究次要组件的设计。

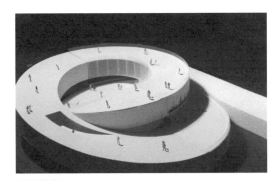

拓展模型 7

这座组合模型建立了简单的螺旋形式。入口、屋顶条件和肌理都可以作为研究对象。

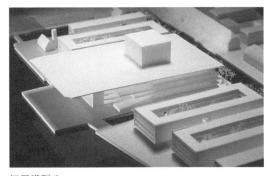

拓展模型 9

经过一些基本的方案研究之后，制作几种拓展模型用来研究屋顶和广场空间之间的关系。

拓展模型 6

基本概要关系已经确立，拓展模型从这些概念研究中得以深化。

拓展模型 8

经过最初的实体（中空）研究之后，模型的尺度规模增大，拓展了内外部的关系。

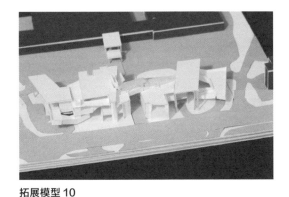

拓展模型 10

随着拓展过程的进行，模型尺度规模一般会随之增大。虽然图中模型非常小，但它仍然能够阐明所需的所有基本项目的关系。

次要模型

表现（最终）模型

"表现模型"和"最终模型"两个术语可以互换使用，用来指代一个设计成熟的模型，这种模型常具有细致的制作工艺。

这种模型主要用来表现设计构思，以及辅助与客户的交流。有时候客户可能不了解比较粗糙的设计所要表达的主题构思。

表现（最终）模型是典型的由一种材料制作的单色调模型，比如使用泡沫芯或者展板纸板。这种单调的、抽象的处理方法，可以让设计者对模型进行各种方式的观察研究，以避免分心于材料带来的干扰。在这种模型中，可能还会使用白色或者浅颜色材料，比如美洲轻质木材，因为在灯光下，模型形成的阴影线、空间和平面能够被清晰地展现。

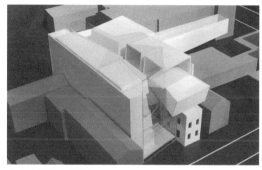

表现（最终）模型 1
图中为一个置于场地背景模型中的木制模型。（注：背景模型可以被视为一个突出新建筑物的组合模型。）

表现（最终）模型 3
这是一个可供研究的、细部丰富的模型。可以将它与之前的拓展模型进行比较。

表现（最终）模型 2
图中模型展示了最终结构和玻璃框架。模型还详细展现了屋顶的厚度，屋顶犹如悬吊在广场之上的纤细刀刃。

表现（最终）模型 4
在最终模型里，对肌理的所有细节进行了建构，并准确地展现了建筑的纹理和光线关系。

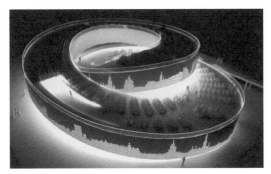

表现（最终）模型 5

最终模型对室内陈设和建筑立面的明暗关系，进行了完整展示。

表现（最终）模型 7

简易的木制最终模型展现了精致的空间关系和细致的屋顶纹理。

表现（最终）模型 9

最终模型也可以做得非常细致，包括对内部和外部空间的解读。

表现（最终）模型 6

一个简易的模型，也能包括单元下方的停车平台的表皮设计。虽然这是一个纸质模型，但传达了项目设计的所有要点。

表现（最终）模型 8

这是另一个简易的纸质最终模型，可以用来展示项目空间。通过对材料进行分层处理和边缘封顶，折叠部分的壁厚得到了很好的处理。

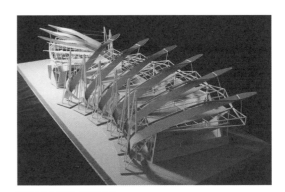

表现（最终）模型 10

该最终模型提供了结构细节，这是一个由刨花板和椴木棍手工制成的高度复杂的结构。

场地等高线模型

场地等高线模型可以用来研究地形,以及建筑物与场地的关系。这类模型可以通过一系列同比例图层的叠加表现地面升降的变化程度,如倾斜度或者坡度。

作为次要建筑模型,我们可以对它进行修改,以适应建筑与场地的关系,控制河道,并进行景观设计。

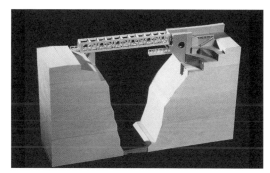

场地等高线模型 2
典型的等高线模型以规则的间隔表现场地的坡度。根据场地的大小以及模型的大小,坡度变化量可以从 6 英寸(15厘米)至 5 英尺(1.52 米)。

场地等高线模型 4
坡度较陡的场地可以用分割成多个小平面的瓦楞硬纸板来制作。

场地等高线模型 1
地面坡度较陡的场地的模型可以用模型剖面来表现,重点表现建设用地范围内受关注的区域。

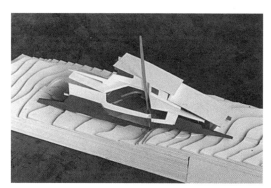

场地等高线模型 3
场地等高线模型经常被限制在建设用地范围之内,并作为地形景观的一部分出现。

场地等高线模型 5
制作相对大型的平坦区域的模型时,例如城市街区,等高线模型可能只反映城市街道网格的特征。

背景模型

背景模型常用来表现周边建筑物，以及研究新建筑与原有建筑的关系和原建筑的特点。背景模型可用于在不同范围的环境内展示建筑，既可以在建设用地范围内，也可以包括周边相邻地段，甚至可以扩展至一个完整的城市区域。背景模型可与场地等高线模型结合，用于研究建筑物与周边地形、景观环境的关系。将背景模型中现有建筑作为组合模型，对设计的新建筑采取中性色调，以与其他建筑区别。在基地内预留出空白的区域用以装配不同的建筑，这样一来，同一个背景模型就可以适应不同的工程。在本页的第4个案例中，地平面建造在一个中空的空间之上，现有建筑被相应插入地面模型表面预留的区域内。

城市模型可用于全面观察一个城市，小到城市的某个局部，大到整个城市环境。同其他模型一样，它也用来研究建筑之间的联系。从一个更大、更广的尺度来看，它通常用体块的组合来描述所有建筑要素。

背景模型 1
这个模型使用了一栋现有的建筑物作为建筑附属的场所。这种背景建筑可看作是设计的基础，用于确定附属建筑的尺度及空间关系。

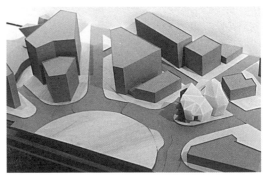

背景模型 3
场地所处背景已经扩展到包括建筑在内的临近地区。虽然这些建筑没有与基地直接接触，但它们为新旧建筑设置了一个总体的尺度关系。

背景模型 2
这是一个对较大范围进行研究的背景模型。新旧建筑物之间的尺度关系尤为重要，这种模型也通常作为城市模型，用来考察几个相邻城市街区的发展状况。

背景模型 4
图中的城市模型包括丹麦哥本哈根大部分区域的建筑体块，为位于中心位置的歌剧院提供了环境背景。

城市模型

城市模型与其他设计模型一样,都是一种设计工具。从研究相邻街区的背景,发展到社区、地区乃至整个城市,人们对模型认知的转变主要体现在规模尺度上的变化。与仅描述现有建筑物的背景模型不同,城市模型是用来设计城市的各个部分的。虽然这些模型通常是由计算机程序制作的,但用来表现大型地块时,人们更偏向于采用大型实体模型,而不是相对较小的计算机屏幕。

本页底部的两个模型来自澳大利亚查尔斯顿市政设计中心,它们被应用于不同的城市规划重建工作之中,它们为通过模型传达城市规划的三维意向提供了宝贵的例证。

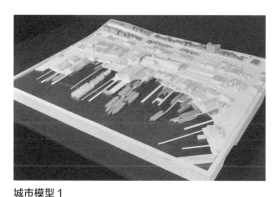

城市模型 1
城市模型作为城市设计的探索方式,为新的展览馆规划提供了背景环境。

城市模型 3
该模型展示说明了海滨城市设计项目所包含的各类条件。

城市模型 2
该模型是为了研究新旧桥梁周围的区域,以便重新连接邻里。振兴目标着眼于如何为新住宅、公共空间和企业提供场所。

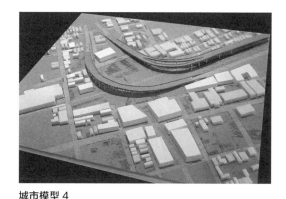

城市模型 4
到达查尔斯顿要经过 3 个不规则的交通交会处。图中模型用于探索设计方案,以重新设计原始方案,并创建出一个经过深思熟虑的入口体验。

周围环境（场地配景）

模型的周围环境包括人、植被和场地小品。在研究阶段，同比例缩小配景，可以使人对建筑的尺度产生较准确的感受。在展示模型阶段会加入树木（通常没有人）。场地小品比如长凳、灯等，通常用于精致的仿真模型之中。

对于设计研究和制作简单的最终模型，最好的方法是简单、抽象地处理配景和周围环境。复杂的模拟图像很容易吸引人们的注意力，同时也会遮挡项目本身，从而使建筑黯然失色。这里提供了几种简单而又效果突出的案例，它们都构建了含蓄优美的场地环境。

周围环境 1

树木是由切好的纸在木棍上层层堆叠而成的。这种方法适合于大范围的环境配景。

周围环境 3

青苔和扎制成的纸树用于表现小型的环境配景。

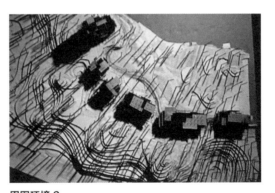

周围环境 2

使用光滑的塑料棍可以大致表现一下树木。这种方式给人以树木繁茂的感觉，且不妨碍建筑的外观。

周围环境 4

西洋蓍草和干缩的植物可以用于大范围的环境配景。

室内模型

室内模型一般作为拓展模型，用来研究建筑室内的空间和家具。刚开始，这些模型按照 1∶48 的比例制作，但是 1∶24 或更大比例的模型似乎更有用。这些模型需要限定空间的边界，但为了方便观察内部，需要保持模型顶部敞开。

室内设计与建筑设计有很多相似之处。设计者应该意识到，一座建筑物的内部空间应该得到与外部形态一样的考虑。通过打开建筑让视线在空间中"行走"，在三维状态下观察它，可以让人产生许多设计构思。

可以使用各种方法观察室内模型的内部空间。可以去掉屋顶，向下观察模型的内部；可以拿掉侧墙，以进行水平观察（类似于剖面模型）；也可以在底部打观察孔，向上观察内部空间。在大型模型中，在底部开大口能够看到内部空间的全貌。

室内模型 1

比例为 1∶24 的泡沫芯模型，采用了可拆装的屋顶，十分便于观察。这个尺寸既能够满足看清小的细部物品的需求，又能满足在模型内部搭建部件的需求。

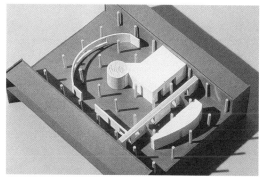

室内模型 3

图中模型是一个室内设计项目，其模型制作方法与外部建筑模型非常相似。

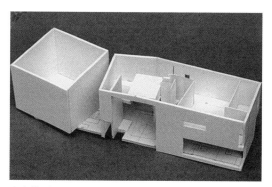

室内模型 2

比例为 1∶48 的模型，可以在内部设置隔间，设计动线。

室内模型 4

图中模型仅用于探索项目的内部空间。在 1∶96 的小比例下细致建模，可以清楚地展示所有空间。

室内模型 5

比例为 1：96 的模型尺度足够大，足以让设计师对内部中庭空间进行设计。

室内模型 7

比例为 1：48 的模型可以让你全面理解内部空间信息。

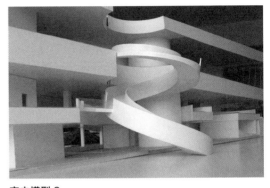

室内模型 9

剖切截面模型可同时作为室内模型，并且在某些时候可认为等同于内部模型。

室内模型 6

通过去除外部肌理纹路，使项目的内部空间变得清晰可见。

室内模型 8

借助照相机镜头深入观察室内空间，可以获得对空间体验的准确理解。

室内模型 10

比例为 1：24 的模型内部空间规模足够大，可以使观者直接感受空间。

剖面模型

剖面模型用来研究建筑的垂直空间关系, 通常是选择在一个具有代表性的位置剖切建筑。切口一般放在许多复杂关系相互作用的交点处, 也可以根据需要选择一个角度进行剖切。剖面模型作为一种研究型模型, 在研究建筑内部复杂的关系时非常有效, 这在二维平面中很难表现出来。

剖面模型与室内模型相似之处在于它们都用于展现建筑的室内空间。它们最大的区别之处在于剖面模型是垂直剖切, 而室内模型通常采用水平展开或俯视的角度。

剖面模型与立面模型也有密切的关系, 有时甚至被称为"剖切的立面图"。

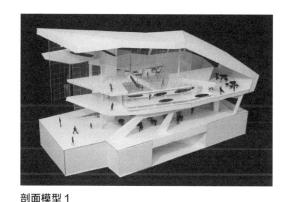

剖面模型 1

比例为 1：96 的剖面模型足够大, 足以显示楼层和分区之间的内部关系。

剖面模型 3

图中剖面模型用于研究建筑内部地面和垂直空间的关系。也可以将它看作是一个室内模型。

剖面模型 2

大型项目的剖面模型可以展示过渡性变化的空间, 增进人们对空间的理解。

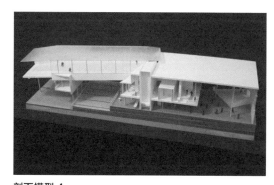

剖面模型 4

这种剖面模型是理解两种空间之间交集的关键。

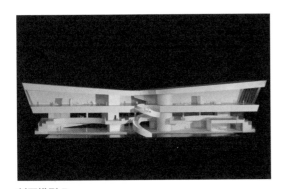

剖面模型 5

这种非常传统的在纵向上进行切割的剖面模型，可展示建筑物中的所有垂直关系。

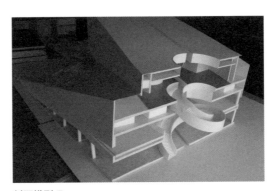

剖面模型 7

横截面穿过项目的左侧，展示了一组不同的关系。

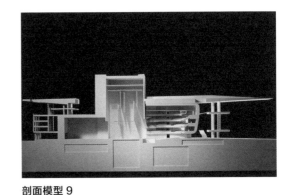

剖面模型 9

哥本哈根歌剧院的剖面模型展示了剧院后台、夹层悬浮空间以及大厅和广场等不同的空间。

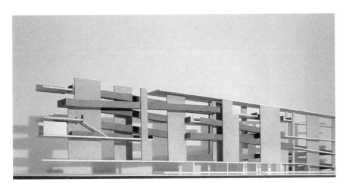

剖面模型 6

俄亥俄州建筑学校的大型剖面模型是为了开发坡道的线性中庭空间而制作。

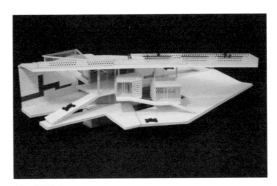

剖面模型 8

与将项目划分为多个部分的典型剖面不同，剖面模型可以作为更大空间关系集合中的一个离散"插入物"进行剖面展示。

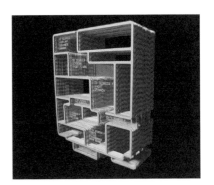

剖面模型 10

剖面设计方法可以通过在剖面图中而不是在平面图中拓展所有关系来实施。

立面模型

当研究和改进工作需要单独的立面图时，就需要建立建筑的立面模型。这种情况通常会与填充建筑同时出现，在填充建筑物的地方，沿街立面是主要的建筑形象。此外，立面图也可以作为外部立面的补充，起着承上启下的作用。

以城市沿街建筑为背景，一些细微的处理也可以给人以很好的空间感，还可以将它看作立面上的"负空间"，给人以新的感受。

尽管立面模型是研究平面与立面效果的理想手段，但在研究不规则几何形体的特征时，这种手段也许不够有效。

立面模型 3
哥本哈根歌剧院的剖面模型展示了剧院后台、夹层悬浮空间以及大厅和广场的不同的空间性质。

立面模型 1
这是一个建筑立面的经典案例，出现填充建筑的情况下，这个相对比较平整的立面方案非常适合立面模型的研究。

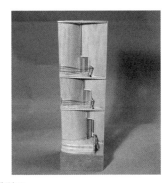

立面模型 2
这个用于解释设计构思的立面模型是一个插建项目。

立面模型 4
立面的细节已经在实体模型中全面展示，传达了对其元素构成的完整理解。

立面模型 5

上图中这座山的图像被用于设计右侧"立面模型7"的立面面板。用数字技术将图像映射到立面，这已成为设计中的一个常见手法。

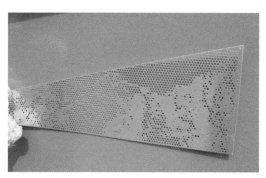

立面模型 7

左侧"立面模型5"中山的形象被栅格化，并被切割成一定比例的立面材料。由此产生的合成屏幕被用作环绕停车平台。

立面模型 9

图中的部分外墙已使用泡沫材料制作完成。这个案例中的模型可用来全面展示每个组件及其与子结构的连接。

立面模型 6

与前面的想法类似，城市的图像被抽象表达出来，映射到一个表面上，以此形成立面设计。

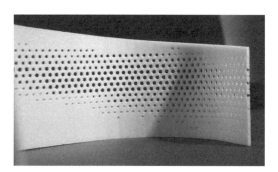

立面模型 8

用激光在模型材料上切开开口，以测试建筑物内部光线的效果。

框架模型（结构模型）

框架模型（结构模型）与细部模型有关，它的主要用途是帮助展示空间框架和结构体系的关系。梁的确切位置、负荷的传递以及其他技术性考虑均可以用这种模型确定。当我们制作大比例模型的时候，框架模型可以用来研究复杂连接的细部设计。

这种模型类型，也可以用来研究创新型的结构设计，比如桥和桁架等。模型可以将细部信息展示给设计者，以便对负载特征进行检测。

框架模型通常按照较大的比例（1∶48）进行制作，以便展现各个部件之间的关系。

结构模型 2
建筑师弗兰克·盖里的作品"音乐体验"的底部剖面被制作成模型，用于解释结构系统是如何支撑波形的外部面板的。

框架模型 1
框架模型用于展现所有结构构件的组织方式和安置位置，并且在处理复杂几何形状时极为有用。

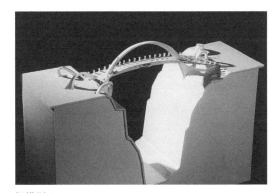

桥模型 3
在对建筑结构采用创新型的处理方案时，模型的作用相当明显，例如图中桥的模型。

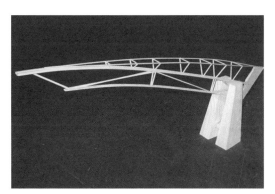

结构测试 4
一个按 1∶48 比例制作的单悬臂构架模型可以用来调整设计和测试结构的整体性。一个简单的方法就是通过在悬臂构架的末端施加一定的压力，以确定结构的弱点。

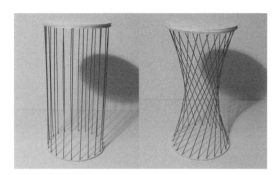

形状生成结构模型

双曲线结构模型可以在形式和逻辑之间建立直接联系，并通过力学作用产生形式上的变化。

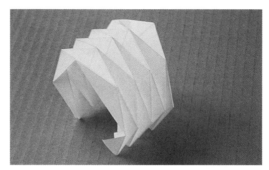

折叠结构模型

使用折叠面板创建了一系列拱形的结构模型，可由此产生大量结构驱动的设计。

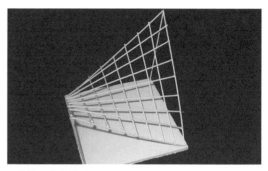

双曲拱顶结构模型

双曲拱顶形式或马鞍形式灵活多变，已成为许多建筑项目的基础原理。本图模型演示了如何用直线网格创建弯曲马鞍形式。

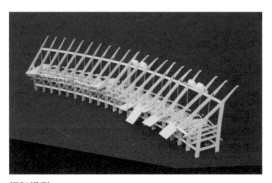

框架模型

框架通常被认为是木材或钢材的重复系统，图中所示这种混凝土体育场框架模型证实了该系统可以在非常大的尺度上运行。

悬架模型

这个桅杆悬挂系统模型展示了结构策略和建筑语言之间的密切关系。

连接模型（细部模型）

连接模型（细部模型）用来展现室内和室外的细部，如连接结构、窗户的处理、扶手和招贴牌等。

这类模型与制作完成的建筑物模型一样，只不过采用很大的比例尺使得结构和连接处都非常清晰，让人容易看清。连接模型与结构模型和框架模型联系密切，因为它们提供了近距离观察连接点和交叉点的方式。

细部模型比例尺通常在1：24到1：4之间，它有助于阐释模型构思和建筑细部，而且方便了与客户之间的交流。

以下案例展示了这类模型可采用不同方式来表现建筑的细部或内部的陈设。

连接模型 3

此模型注重在特殊连接方式上的设计，各部件的连接方式得以清晰展现，还可以用这个模型模拟器械使用方式。

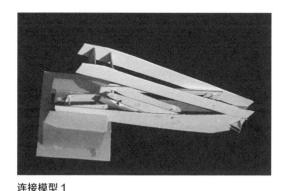

连接模型 1

这个斜向支架的模型设计，可供研究支架折叠起来时各部件的连接方式。

建筑细部模型 2

这个窗户模型按照1：4的比例制作，它可以用于研究拐角连接和墙的纵深关系，这是模型用于展现和改进建筑细部的典型方式。

组件模型 4

这个螺旋楼梯模型包含了楼梯的确切路径及其作为组件所需的所有细节。

工业设计模型

广泛使用模型的另一个领域是工业设计领域。事实上，快速成型设计最初是为工程和工业设计行业开发的，用于进行研究测试。实体模型扮演着多个角色，并与计算机模型协同工作。传统上，模型常被用于提出粗略的想法，创建最初形态以及测试人体工学特性（人体与物体交互的方式）。今天，模型仍然发挥着积极的作用，但计算机和快速成型设计被广泛用于测试实际产品方案。

项目实例显示了工业设计建模研究的几个重要方面。

工业设计模型 1

化油器模型是最初由 3D 打印机制作的工业模型的典型代表。

工业设计模型 2

由喷漆泡沫和 3D 打印机制作的模型，可用于设计数字模型。

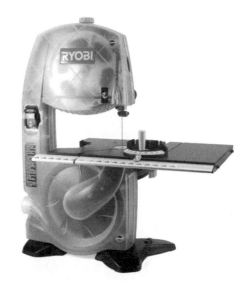

快速成型模型 3

立体光刻模型通过半透明的覆盖材料展示了所有的工作部件，这样就可以对实际零件进行装配和操作测试。

第二章

探索
模型构想和使用的概念框架

设计过程是循序渐进的。它包括制定一个设计方向，然后通过实验和改进不断地发展它。在每一个阶段，要进行一系列的研究，去探索这个设计方向以及各种设计步骤在整个阶段中所发挥的作用。本章阐述了用于设计探索和发现的思路和示例。设计在进化阶段有序推进，每个阶段都要研究探索大量的设计备选方案。

概念一览

下面概述了关于模型设计过程中典型阶段的内容，需要考虑的因素与在手绘项目中要考虑的因素相似，但是所需的大多数信息都直接来源于模型。（注：由于许多步骤可能会被融合起来或者交互使用，所以这些线性表述只是惯例的其中一种。）

尺度

根据以下各种因素确定合适的尺度：

（1）项目的规模

使建筑物和场地适合于现有的工作空间。

（2）研究类型

根据进展的阶段进行调整。

（3）细部处理的程度和水平

依据比例决定要研究的细部事物的大小。

（4）选定比例

在不使用固定比例尺的情况下制作出概念模型和概要模型之后，确定比例尺度。

设计理念

通过下面方法归纳初始的信息：

（1）依据模型绘制图纸

运用富有表现力和仔细推敲比例的方法，将有关模型的想法绘制成草图。

（2）处理二维工程图

在绘制的和模型的信息之间来回地推敲。

替代方案

通过下面的方法研究设计方向：

（1）构建多种方案

在一个模型上构建多种解决方案并且尝试多种处理方法。

（2）采用可调整的模型

使用可移动的部件研究交替关系。

场地

把其他的设计信息融入场地考虑因素中：

（1）等高线模型

把场地信息作为设计方向初始动力的组成部分。

（2）背景模型

背景模型会对影响到初始设计方向的环境信息作出反应。

处理

利用模型将各项工作进行形象化处理：

（1）修改和编辑

直接在模型的设计方案上增加或者切割部件。

（2）修改场地等高线

把建筑物和场地整合（融合）到一起。

（3）启发新思路

利用意料之外或计划之外的想法来启发设计理念。

诠释

在模型的实体形式或主观理解上作出根本性的改变。

拓展

通过以下方式对项目进行拓展：

（1）探索路径

探索出从初始概念到完整项目的一条进展性、创新性的路径。

（2）放大比例尺

随着调查研究从场地和方案的总体把控转移到立面、内部空间和细部这些关注点上，构建更大比例的模型。

（3）编码和材料分级

建立不同的层级并对其进行编码，以定义一系列互有矛盾冲突的部件并从概念上划分出层次。

（4）转换

通过彻底的重新制作对现有模型进行再创新。

（5）聚焦

将研究推进到连续的改进阶段。

规模

确定关键性比例

模型可以按照各种比例制作，只从模型的大小可能会看不出项目尺度的大小，因为体积大的模型可能会按照较小的比例制作，反之亦然。

我们依靠几个判断标准来确定合适的比例，这些内容将在接下来的段落中讨论。

项目规模

模型的大小和比例受实际建筑物的大小、场地的大小，以及可以利用的工作空间的大小影响。

研究深度

模型的大小和比例依赖于正在进行的研究的深度，比如概要、扩展、展示、内部或是细部。

细部的处理程度

模型的比例依赖于需要进行细部处理的程度和水平。放大模型比例的一个首要原因是要包含更多的细节，一个按比例放大的模型，如果没有额外的细部装饰，会显得很难看。

因此，在较小的模型上运用想象力，构想精美的细部，比起制作没有足够细部的大模型更有说服力和实用性。

确定比例尺

通过调整组件之间的相对比例关系，可以在不使用确定比例尺的情况下，开始制作模型。在模型制成之后，给模型确定一个比例尺。在小的概要研究模型上，这种技术很有用。

在上述情况下，可以制作一个与建筑模型成比例的小型人体模型，它反映了设计者如何预见到建筑物的实际大小。人体模型的"全比例"高度，假设是 6 英尺（1.83 米），可以在同一个比例尺上与各种比例比较，找出一个与模型的 6 英尺（1.83 米）尺寸相匹配的比例，这个模型就可以确定建筑物比例，以此确定它的实际的"全比例"尺寸。

在多层建筑中，通过假定一个典型性的层与层之间的高度——12～14 英尺（3.66～4.27 米），或者视工程的需要，例如一个典型的住宅模型的高度是 9～11 英尺（2.74～3.35 米），也可以确定它的"全比例"。然后设计者以此为标准比较各种比例，找到一个在"全比例"尺寸下与模型的层与层的高度相匹配的比例。对于小模型，可能必须使用工程比例尺，它的比例范围是 1：2400 到 1：240 之间。第九章"实例研究 B：雕刻铸造"就是一个使用这种方法的例子。

比例的确定和需要考虑的因素举例：

■ 一座房屋模型可能会选取 1：48 为最大比例，这样一个实际高度为 96 英尺（29.26 米）的建筑将会占据 2 英尺（0.61 米）高的工作区域。

■ 对于那些几百米高的大型建筑，使用 1：96 的比例会更有效。

■ 大型场地通常使用 1：600、1：1200、1：2400 的比例，这样可以使模型易于处理。

■ 概要模型开始的时候会使用很小的比例，如 1：384、1：192、1：96，此时会集中考虑综合性的关系。随着设计的进一步深入，可以通过放大模型的比例来研究细节性的问题。

■ 背景模型会使用稍小的比例，比如 1：240 或 1：192。

■ 如果把展示模型制作得足够大，那么可以进行细部处理，这样的展示模型通常更为直观。对于房屋来说，比例尺可以选择 1：48 或更大一些的；对于大型建筑物，选择 1：96 的比例会更合适。

■ 制作模型的细部必须根据比例进行。这种考虑使得在 1：24、1：12 或更小的比例下模拟 2 英寸（5.08 厘米）或 3 英寸（7.26 厘米）的实际尺寸变得非常困难。

■ 对于窗户竖框、屋顶饰带和连接处等的研究，需要使用较大的比例，如 1：24 或 1：12。

■ 更大比例的模型应该包含更精细的细部。

比例关系

关于比例的另外一个重要问题就是考虑各个部件之间的比例关系，包括非常小的部件，如细部或连接处，也包含非常大的部件，如一个城市或者一个大的景观。在任何情况下，把各种部件放置在正确的人体尺度和建筑环境中，对理解和控制空间及其部件的比例，都是非常重要的。

理解比例并不是说所有的判断都要围绕着实体来处理。空间体验就不符合这种情况甚至是完全排除在外的，虽然如此，空间研究依然必须按建筑师的感知去展开。

遇到的例子通常包括：

■ 人体与房间的比例关系。
■ 建筑物某一部件与整个建筑物的比例关系。
■ 建筑物与城市环境空间的比例关系。

入口的比例
克莱斯勒大厦（Chrysler Building）入口是一个典型的迎合建筑物尺度的开口，入口大门实际上是开口中的一个插入部件。

空间中的人
房间的尺度需要通过研究它与里面居住者的关系确定，大型公共空间研究尤其如此。

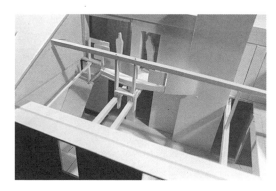

尺度参照物
尺度参照物可以切割成一些模型部件或者是采用蒙太奇的手法插入。它们必须包含在方案发展的所有阶段中。

背景比例
并不是所有的比例问题都以人体为中心，建筑物必须从城市的视角考虑与其他建筑物之间的关系。

设计理念

表现模型的绘图

思路

在没有图纸或确切比例的帮助下，以二维草图组成的模型可以作为主要的信息来源。为了使这项工作更为便利，首先要熟悉基本程序、场地条件和结构选择，直到它们变成设计者所具有的关于项目全部参数的一部分。我们可以把它放在一边，换个角度来研究模型。起初，很难将实际的问题与你的发现保持一致；然而根据经验，它们可以先在直觉上大致匹配，之后再用来指导设计变更。

尽管模型不需要按照预定的比例进行制作，但是在它的部件之间应该保持相对的比例关系，比如层与层的高度。然后再测量这些高度，并选定一个适合于此项目的比例。要获得更多的关于选定比例尺的信息，见本章中有关"比例尺"的内容。

图解

以下展示了两个不同项目初始阶段的概要模型。尽管考虑了具体的项目需求，但是因为制作概要模型时，没有具体的比例或图纸，所以无法获得初始的想法。

展览中心（概要模型）1

一小条泡沫用来测试空间的初始姿态，它会自动打结。

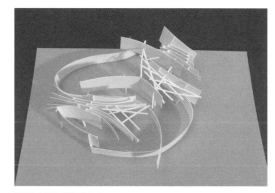

展馆（概要模型）1

在项目的初始阶段，小型纸质概念模型有助于定义空间路径、基本形态与体量，以及模型比例与实施范围。

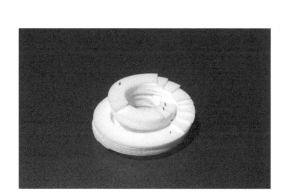

展览中心（概念模型）2

上面的泡沫螺旋是一个小的概念模型，该模型研究了相同类型结构内的"结"，但现在要对重力、行人动线和场地环境的惯例进行响应处理。

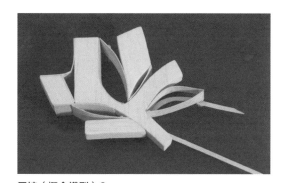

展馆（概念模型）2

上图的纸质模型开始形成一组内部和外部空间，以"勾勒"出项目的初始关系。

增减性绘图

思路

处理加法和减法是三维形式的方法之一。在加法处理中，个体组件被连接到一起，形成一个结构。在减法处理中，开始的模型是一大块材料，通过减去部分部件实现设计的结果。加法处理过程通常与实体（中空）模型联系在一起，而减法模型和组合模型在概念上更贴近。在实践中，经常使用加法处理方法和减法处理方法的组合方案。

图解

这些项目采用了加法和减法的处理方法。

常规比例的确定

思路

另一种重要的方法是将模型作为调整比例和确定精密空间方案的辅助工具。这种方法需要更严密的控制，同时更要注意精心制作模型，以及注重布置和调整。

图解

右下角的图片反映了以适当比例拓展出的空间。

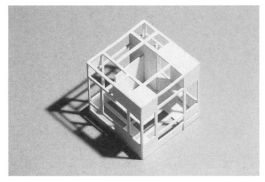

采用加法的空间

在加法处理过程中，单个的平面和细杆被连接到一起来限定空间。内部的空间是一个立方体切去了部分材料而留下的，可能会产生一种逆向的感觉。

采用加法和减法处理方法的空间

在这个模型中探讨了减法和加法的空间操作手法。该模型是通过数字建模来进行构思的，并被制作成包含元素细节的手工模型。

采用减法处理方法的空间

这个组合模型可以被认为是从一个实体上切割下来的。该模型最初是一个矩形空间块，在数字建模程序中使用布尔运算进行减法切割。

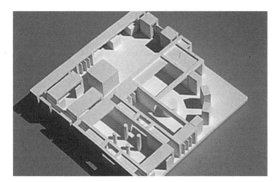

校准发展模型

本研究的重点是将建模作为一种校准对象的练习。这种将绘图作为一种在微调比例和校准上的练习的思想已经成型了。

借助平面图、立面图进行设计

思路

将概要模型和简单地设定了比例的图纸协调使用，可以制定一个大致的方向。一旦建筑物开始呈现出来，这个模型就可以作为一个焦点帮助其他设计决策可视化。反过来，在模型上实现的设计元素也可以通过深化图纸同时向模型传达信息，比如对立面图的研究。选择哪种方法，关键是看哪一种方法的效率更高，同时又能适时地提供所需考量内容的有用信息。例如在拓展阶段，平面墙体的立面图在改进结构上比模型更有效；相反，雕塑型建筑的几何结构的立面图不如模型提供的关于建筑物形体的有用信息多。图纸信息与模型信息之间的信息交换与互补，对于建筑设计来说是最有用的。

图解

右图的项目最开始是从设定了比例的示意图和概要图中产生的。

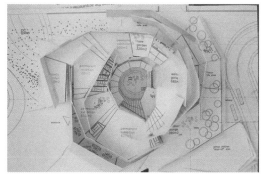

示意图 1

上图的示意图纸用于确定下图迷宫墙体的初始位置。一旦通过图纸确定了方向，模型的空间就开始由模型自身来确定。

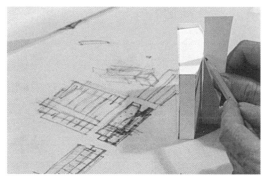

示意图 2

通过小比例的设计图和剖面研究来获得初始的模型信息。弯曲的部件直接从实际模型上测量半径。（注：模型组合的分步解释，见第九章。）

借助概念图设计

思路

另一种处理二维图纸与三维建筑物关系的方法是借助这两者之间的概念信息交换。在这个过程中，拼贴和绘画可以用于诠释三维结构。反过来说，模型也可以用绘图来诠释，进而建立正交平面和剖面关系。

这个过程通常在项目的初期阶段进行，而且建筑结构通常需要进一步诠释，使它们向建筑学命题的方向深入。

一旦理解了这项基本操作，两者之间的关系可以反复转换很多次，于是产生不断推进的过程。相关案例详见本章的"诠释"一节。

图解

下面的项目展示了借助图纸进行绘图和建模的案例。在前三个项目中，模型先于绘图，被用于解释并生成图纸。而后两个项目中，二维绘图用于解释并生成三维结构。

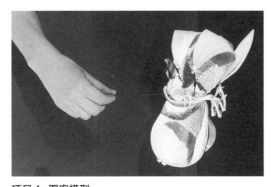

项目1 图案模型

这个例子使用了在本章"处理"一节中被称作"诠释"的方法，借助样片来开发模型。

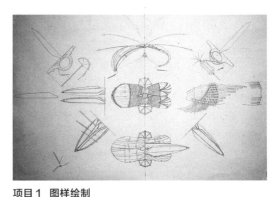

项目1 图样绘制

上图是仔细分析立面图和剖面图得到的，并被简化为一组二维图样。

项目2 转换模型

这个模型研究了变化和变形的理念。在附图上对其组件逐步展开的趋势进行了分析。

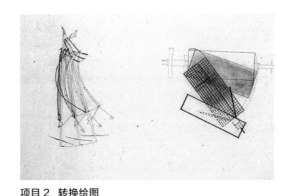

项目2 转换绘图

通过从上图处于运动中的模型图纸获得的抽象的生产性信息来进行平面图和剖面图的研究。

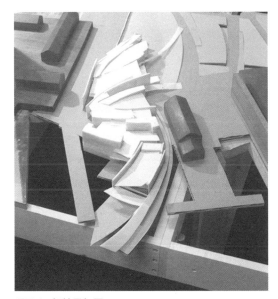

项目 3　场地叠加图

这个模型是从用来研究整体的场地几何关系、历史和轨迹的场地叠加图中提取出来的，尽管不是传统的二维图纸，但这种比例下模型看起来就像一个整体，并且使构成此模型的错综复杂的平面图形更加清晰。

项目 4　拼贴图纸

这幅拼贴画被设计为一系列叠加的抽象组合。一旦获得了关于这一过程的经验，就可以掌控项目各要素并有利于满足特定的项目需求。

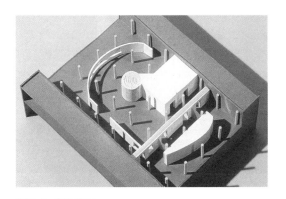

项目 4　拼贴空间

从上面的拼贴画来看，这个模型被解释为画廊的空间。这种特别的转换使项目直接进入规划空间衔接的步骤。

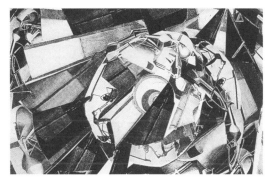

项目 5　杜尚拼贴画绘图

一幅来源于马塞尔·杜尚（Marcel Duchamp）的作品《下楼梯的裸女》（Nued Descending a Staircase）的拼贴画，被作为设计的初始步骤。

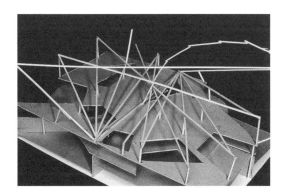

项目 5　杜尚拼贴空间

由拼贴画制作成的解释性概念模型。

备选方案

多种方法

思路

无论处于项目研究的哪个阶段，都应该研究明显不同的方法，以发掘新的思想和潜在的方向。这就意味着在研究过程中，会有多种概要模型的搭建。依次从多种可选方法中挑选出模型，并用于进一步的研究。随着项目的推进，备选方案可能包括处理某些部件或建筑的细部。复合的模型可以融合从不同的研究中获取的想法。

图解

在以下 7 个项目中，构建了多个概要模型，以此来研究不同方向。

项目 1　备选方案 1：轴

该模型使小型图纸的设计成为一个有强大交叉点锚定的设计，而空间流动与之相反。

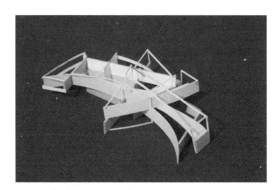

项目 1　备选方案 2：流动

该项目从小型叠加图中生成出来，强调空间的流动性。

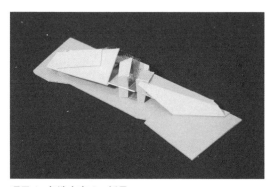

项目 1　备选方案 3：折叠

最初的项目将折叠作为形态建立的替代方案，并采用了简单的双极关系。

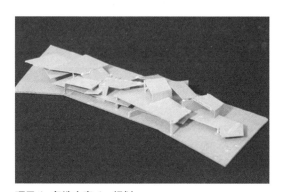

项目 1　备选方案 4：规划

另一种方法是将项目底层视为分散且相互交织的规划空间。

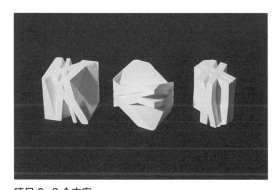

项目2 3个方案

模型说明了3个不同但相关的方案，以探索空间的形式比例和对齐方式。

项目4 替代多样性

图中展示了为同一项目制作的大量备选设计模型。这强调了在设计阶段进行彻底研究的必要性。

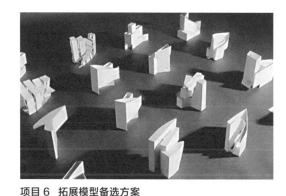

项目6 拓展模型备选方案

图中展示的是巴塞罗那天然气大楼的大量模型，说明了该项目设计者对设计备选方案进行充分测试的重视。

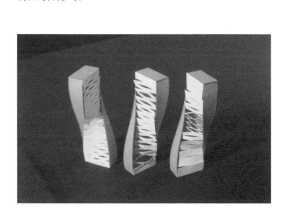

项目3 3个方案

生成3个相关联的方案来研究立面处理的替代方案。

项目5 备用方案

庭院方案的一系列渐进式解决方案展示了在审查一系列可能性时所进行的快速练习的类型。

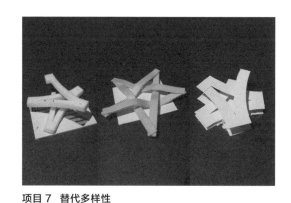

项目7 替代多样性

围绕中心主题的一系列可能的变化，可以简单地通过观察路径和比例来选择可用的备选方案。

调整模型

思路

另一种研究备选方案的途径是使用活动组件制作模型，这些组件可以调整、测试各种布置方案。模型的变化可以用照相机记录下来。当对一个传统的概要模型或者拓展模型作出重大改变时，这种记录备选方案的方法也可以有很好的效果。

建立调整模型是为了使每一个组件都可以被重新调换位置。这类模型利用深长的、开阔的底座制作，柱子可以在底座上插入或拔出。柱子孔必须大小合适，让摩擦力能阻止接触点的移动。通过上下移动柱子，就可以从各个角度检验构成元素。

图解

这些模型描述了一种可替代的探索方法，它允许屋顶平面和空间等组件之间的关系变化，且无需设计师建立多个模型。

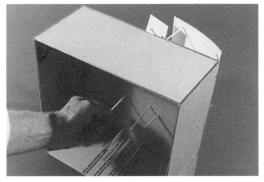

屋顶关系 1

这个比例为 1：96 的模型用于研究和微调一系列交叉的屋顶平面之间的关系。

这个模型被翻过来，露出了下面控制杆的根部。通过推拉控制杆就可以改变屋顶的状态，这可以被视为具有无穷的变化。（注：当微调屋顶的结构包含围墙时，这种方法很有用，但是在某些情况下，这样可能会限制调整关系的幅度。）

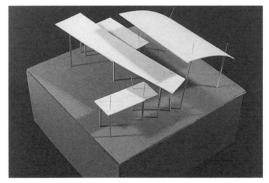

屋顶关系 2

屋顶平面的初始设置。（注：大头针用来把展板纸板附着在轻质木杆上。如果大头针干扰了调整，那么可以用斜口钳或电刨修剪。）

空间关系 3

使用挂在框架上的线将项目空间悬挂在空中，以确定各元素 x 轴、y 轴、z 轴的位置。在进行竖向思考时，这种方法使设计师打破了楼层堆叠的固化思路。

场地模型

等高线模型

思路

从初始阶段开始,就应该考虑场地对设计决策的影响。建立等高线模型是思考建筑与场地关系的必要途径。

等高线概要模型可以使用刨花板、废弃的瓦楞纸板和其他廉价的材料制作。等高线概要模型可通过切割和修改等多种方式进行组装。等高线展示模型采用相似的方法制作,但是在材料的使用上有所区别。

场地模型可使用其他材料制成,例如石膏和泡沫。场地工作可以被重新设计,而不是仅仅对现有地平面进行简单的建模或修饰。

典型的使用等高线模型的研究包括:

■ 建筑在环境中的尺度。

■ 建筑物如何通过设计(如坡度变化和使用挡土墙)与场地有效结合。

■ 景观美化元素,比如车道、人行道和其他户外空间。

图解

这些例子展示了常见类型的等高线模型。

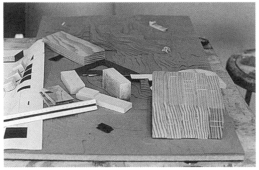

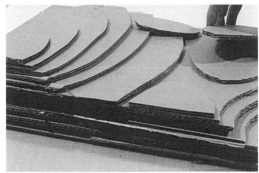

实体等高线模型

实体结构坚固耐用,通用性强。它们的主要优点是易于切割和修补,这使得实体结构非常适用于试验坡度或设计场地方案。

因为各层都会在它们的水平面上延伸,故对水准面的任意切割都会经过下面的层。基于此,很容易通过数等高线数目来了解变化的效果。

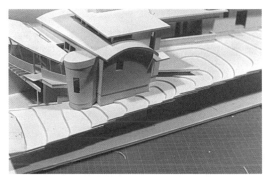

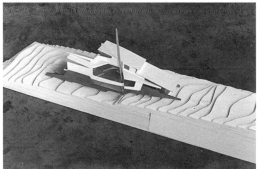

中空等高线模型

中空等高线模型使用材料较少,可以将其加入现有的模型中。它们很难修改,因为通过等高线的切口会暴露下面的空间,必须进行修补。中空模型也没有实体模型耐用。

下图的模型被制作成部分实体(中空)模型。随着场地越来越陡峭,可以将实体的部分抬高,仅包含那些可能发生改变的区域。(注:模型后部的面板显示了中空的部分。)

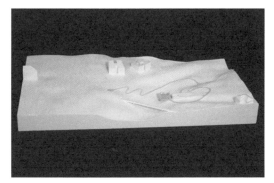

泡沫等高线模型

当需要平滑坡度时，制作泡沫等高线模型，可以相对容易地修改曲面。像这样的模型也可以用计算机数控（Computer Numberically Controlled, CNC）机床设备来切割。

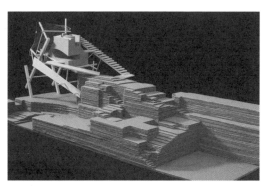

设计等高线模型 2

首先对项目的场地进行设计，然后基于场地添加各种设计要素。

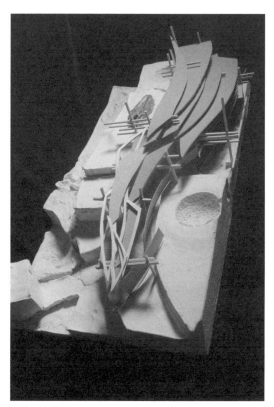

设计石膏等高线模型 2

该项目设计是从场地地形出发的。场地设计融入地形概念，并通过石膏雕刻来进一步深化设计的内容。

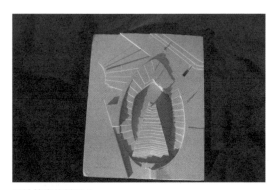

设计等高线模型 1

由瓦楞纸板制成的场地可以自行创作。该场地使用建筑平面图作为设计的初始信息。

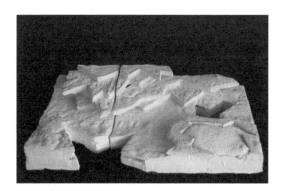

设计石膏等高线模型 1

将物体和沙子一层层堆叠起来制成负模，可以铸成场地的石膏构件。通过分层浇铸，铸件可以产生凹口咬边等（在第八章有更详细的介绍）。

背景模型

思路

对于所有的设计方案, 特别是城市环境中的建筑场地, 在调查的初期至少要制作与项目相邻的背景建筑物的模型作为参照。以某种形式来表示它们, 可以了解到项目的规模以及它与相邻建筑物之间的关系。

图解

以下展示了从大型的城市地区模型到紧邻的场地模型。(注 : 为了让新作品更容易理解, 我们把背景当作一个抽象的整体来对待。)

紧邻建筑的背景

这片场地上的周边建筑物对于理解这个项目的本质起着关键的作用, 因为它实际上限定了项目区域。

大型城市背景

此建筑群由层压颗粒板切割而成, 并被喷涂成浅灰色, 作为不抢眼的背景。

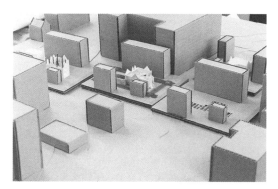

周边环境

相邻的建筑物使用非彩色的瓦楞纸板制作成为简单的组合体块, 以便展现新建筑与现有建筑环境之间的关系。

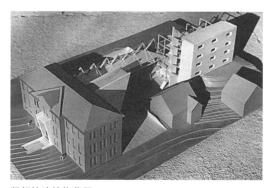

紧邻的建筑物背景

邻近的建筑物使用较少的细部, 它们作为新的附加建筑(浅色木块)的背景时, 统一的灰色系涂料使它们不会太抢眼。

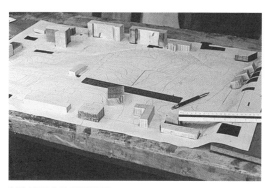

制作过程中的背景模型

这里展示了一个制作过程中的城市背景模型。周围建筑物的组合模型用木块切割而成, 并根据地形图上的印记被安放在相应位置上。

处理

修改和编辑

思路

对模型进行各种操作处理和创建模型本身是同样重要的, 因为这有助于发现并提炼思想。如果对模型进行切割和研究而不过分关注其外观或原始构造, 则修改是最有效的。如果设计处理很难实现, 那么可以通过粗略的切割来确立最初的设计思想, 之后再对参差不齐的表面进行修整。

这类调查研究是非常重要的, 因为在模型建立之前, 许多设计决策无法可视化。模型自身会表现出来许多设计思想, 同时新的解读能比原来的模型更加引起人们的注意。

图解

右侧插图中对两个项目的模型进行了改进, 并阐明了在模型发展的两个不同阶段可能会开展的调查研究的类型。概要模型还处于形成过程中, 在向拓展模型转变之前还可以进行彻底的转换。拓展模型已经到了确立主要关系的节点, 模型的各个部件可以被修改或重新组合。

修改概要模型 1

这个概要模型被用作工作场地, 并被彻底改变以便发现其他的关系。该过程是通过沿选定的路径完全切割模型开始的。

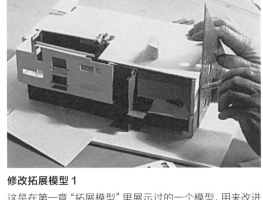

修改拓展模型 1

这是在第一章"拓展模型"里展示过的一个模型, 用来改进外部墙体的关系。此时原先的墙体组件被拆卸下来, 并直接在模型上进行切割。

修改概要模型 2

由此而形成的两部分以一种新的关系重新组合。该组合用于可视化新组件, 然后快速切割并测试以实现成功整合。

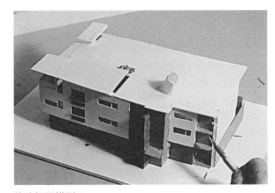

修改拓展模型 2

墙体部分已经按照一个全新但又相关的结构被重建, 以细化这个部分的设计

修改场地等高线

思路

对场地模型的试验应该以与建筑模型相似的方式进行。由廉价材料（如刨花板、瓦楞纸板）制成的实体等高线模型是研究场地的理想模型。可通过裁剪或添加材料调整坡度，以适应各种地形条件。当尝试各种地形处理方法的时候，要保存好去除的等高线材料，以便试验替代性方案时重复使用。

中空模型也可以进行修改，但是必须填充在模型切割时留下的孔。

典型修改

■ 为建筑物生成标高。

■ 在现有的坡度上切割或者添加，生成行车道和步行道。

■ 穿过几个坡度台阶进行切割，此处的材料必须保留（通常出现在建筑红线上）。

■ 生成梯状地形、护坡或者洼地。

图解

左侧两张图片展示了硬纸板研究模型，用它可以研究行车道、步行道和建筑物的坡度变化。右下角图片中的模型是由可塑材料制作的场地模型，可根据需要调整塑造。

改造等高线模型

通过切割等高线，在模型上留出一个车道入口。利用等高线的数量和到下一层的距离，可以计算出坡度。这个模型的比例是1：96。

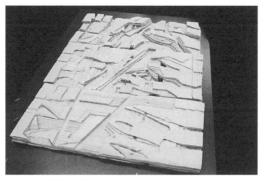

坡度变化的研究模型

最初的等高线经过修改，可以满足设计景观和适应场地的要求，如道路通道、墙壁和建筑投影。

黏土场地模型

用作建筑物底座的有坡度和水平的区域可以很容易地用这种黏土状的材料仿造出来。它的优点是所做出的地坪坡度变化平滑，但是很难把等高线转换为图纸。

使用塑料黏土进行公园研究

这种材料很容易塑形，并且有益于进行备选方案的研究。（注：正如在前一个例子中提到的，很难把最终的坡度精确地转换到图纸上，而且用这种材料实现清晰的边界限定是一项难度较大的工作。）

题外话

思路

在研究过程中，新的方向经常无法遵循初衷。与其忽略新思路并沿着预先设想的路径指导设计，不如放弃早期的想法并遵循模型的启示。这也许意味着要在设计方向上进行大的转变，或是通过还原早期版本来支撑新版设计。从工艺粗糙的模型（如翘曲、偏心或重叠的材料）中产生的想法可以作为一个新发现被采纳，而且通常比预期的想法更有趣。

图解

左侧的概要模型和随后的最终模型表明了一种趋势，就是调整模型中的异常部分使其与预期的理解保持一致。这个实例表明早期的研究可能比"严格"的最终模型更富有意味。

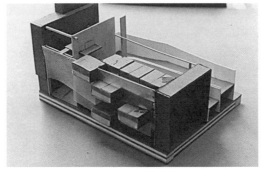

利用偶然事件

这个概要模型前部薄薄的醋酸纤维墙壁展示出一些非预期的弯曲和扭曲，这种外表可能会更令人感兴趣。在此项目实际的第二阶段，对下面的模型进行了调整更符合预期构想。这样的结果可能不如概要模型所呈现的"意外"那么有趣。由此，让这个项目按照它自己的方式发展，并且充分利用非预期的发现可能更有价值。

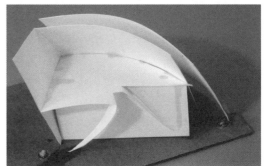

维持发现

在向更高一级的改进形式转变过程中，模型本意可能会被丢失。在这个例子中，在模型向展示模型转变的过程中，早期设计阶段中产生的许多思想被"规范化"了。丧失探索性在本质上与未能利用"偶然事件"是相似的。在这两个实例中，正则化趋势以及不愿意让模型引导项目的发展，使得一些有趣味的想法被湮没了。

诠释

思路

有时候，处理的过程会使模型本身产生变化，或者影响设计师对模型的看法。这可能要经过很多步骤方能实现。基于你自己的研究，可以将步骤结合起来或者进行修改以生成其他方法。

图解

下面这些例子展示了几个典型的思路。本质上它们与概念模型是相似的，都是通过试验性方法来激发创作灵感。

研究模型通常用于探索各种策略，通过采用快速装配技术给设计师提供自由试验的条件，以免设计过度依附于作品。

最后一组项目是概念模型，它与建立在对模型理解上的建筑空间形成了对比。这些模型在激发灵感的模型与将想法转化为综合建筑设计的模型之间搭建了一座桥梁。

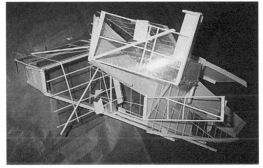

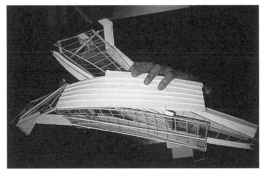

片段 1

上图中的模型为某大型建筑的一部分，将此部分从原背景中抽离出来放置于新场景中。然后将这个片段作为一个完整的建筑物重新诠释。通过研究新的状态，可以提出几种针对此项目的不同解决方案。

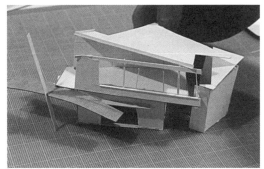

重复利用

拓展碎片化概念的另一个例子，是把从旧模型中得到的片段作为新的研究对象。通过建立项目废弃部件的详细目录，你可以重新构思把它们交叉组合予以再利用。这些新组件的修改和引入，可以在很短时间内激发大量设计想法。

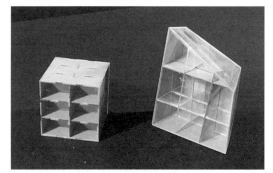

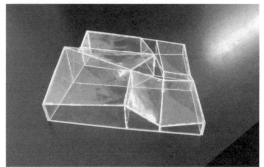

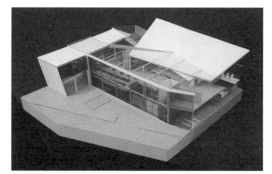

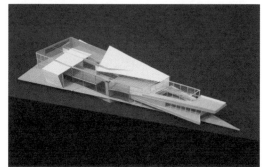

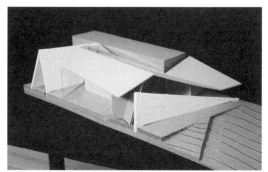

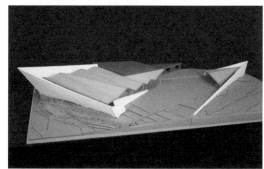

变形扭曲

变形扭曲以标准原型的存在为前提。将原型拉伸、弯曲，创建出一个新的表现形式，但仍然受到其初始逻辑的控制。上图的示例中，左侧的长方体箱子因一边被拉长而扭曲。下图的示例中，对正交模型的各个顶点进行推拉使其形成新的形状。数字模型尤其适用于变形操作。

比例尺变化 1

此步骤允许对先前完成的项目进行操作来生成衍生项目。比例为 1：192 模型（下图中的模型）的部分构件被独立出来，并以两倍于它原来的大小被重新解读。

由于这个新模型与初始项目拥有同样的尺度关系，因此将它重新纳入原始项目之中。

比例尺变化 2

在相同策略下的另一个示例中，一个比例为 1：96 模型（下图中的模型）的部分构件被筛选、独立出来并以原来大小的 4 倍被重新解读。

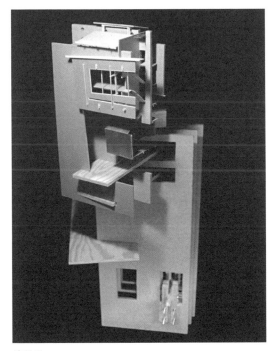

片段2

这个项目通过分析乔治·德·基里科（Giorgio de Chirico）绘画作品的结构，并辅以大量的机器学习，衍生出一个复杂的声学世界。此项目通过制作建筑物的部分结构来检查它的物理结构、建筑体系、空间和声学环境。

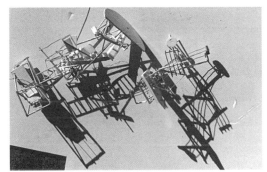

投影

上图所示模型是激发新灵感的一种有趣尝试，即通过三维物体营造二维图像。在低角度的太阳光或人造光源照射下物体阴影试验的效果是最好的。模型可以在各个方向上旋转，以研究各种类型的阴影图案。图案可以被诠释成新的模型，而通过反射的信息交换，模型反过来也可以产生连续的二维图案。

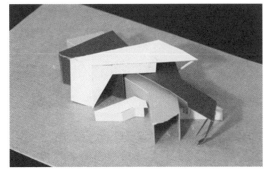

轴测图

这个过程涉及了图纸和模型之间的信息交换，并且与本章讨论的主题——"借助概念图纸设计"有关。通过叠加一些轮廓图，之后在不同的高度向上挤压选定的组件，产生一个三维轴测图。然后将此轴测图解读为一座建筑，并研究程序、场地因素和结构等来搭建模型。在试验几次之后，这个过程变得更容易控制。

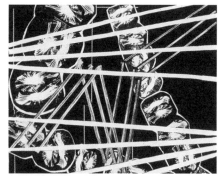

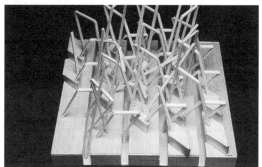

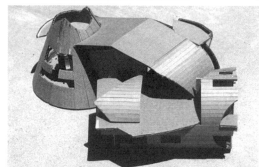

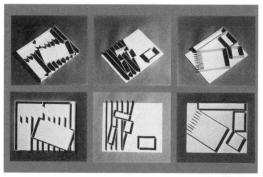

拼贴

首先，通过对许多基础图片进行一系列图像处理创作出拼贴画。基于拼贴画制作出模型，这个模型很可能变成概念模型，但是解读可以把思想直接转变为建筑方案。这个过程的每一部分都由图形的本质决定。重复性的图形不太可能适合于程序化的体系。制作拼贴画过程中可能用到的技巧，见本章前面的"借助概念图纸设计"一节。

冲突

这里展示了两个使用冲突思想的策略，这两种策略都在模型层面上进行。上面的模型制作了两个敞开的具有大小和形状对比的"线框"结构，然后将这两个部分结合起来。由此产生的冲突可用于决定什么是实体的、什么是开放的，以及项目如何进行安置。下面的模型使用相似的方法，但是用于产生冲突的 3 个结构是被掏空的固体块。交叉部分具有进一步创作的潜力。

干涉（旋转）

干涉在概念上与冲突相似。建立一个规则的场地，比如网格或其他重复的图形，把它作为地面或场地。将一个尺寸和形状都显得"格格不入"的物体，通过破坏或是旋转角度等方式强加于图案之中。由此产生的空间被解读为适应建筑的考虑。上图详细阐明了基本的思想。下面的模型是通过在既有的网格结构上摆出弯曲姿态模型结构而形成的建筑。

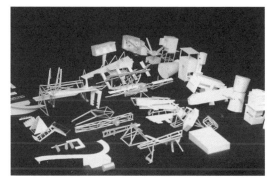

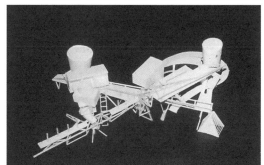

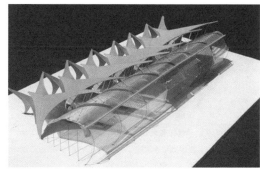

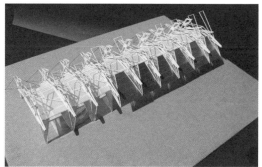

构建库

这一过程与重复利用构件相关，然而，不是使用现有的构件，而是生成一个由新部件组成的构建库。这些构件可以被创作为具有许多变化的理想形式。本例中的部件是通过设计7个亭子，并将它们拆解而得到的。多个构件的组合能产生出人意料的效果，下图的模型是由各种元素组合而成的几十个模型之一。

重复框架 1

该过程涉及使用重复的元件来构建建筑设计的骨架。首先，设计单一框架时要考虑到高度及跨度。其次要加固关键节点以强化框架，并提出综合改进方案对结构薄弱环节进行加固。重复的框架围出了一个空间体量，这个空间体量就成了建筑的结构框架。在下图的例子中，框架被加上了屋顶和玻璃形成一个小型机场候机室。

重复框架 2

和前面的例子类似，示意模型和一些深入研究可以通过单一的框架展开。在第一个例子中，准备使用混凝土壳体材料来建造，而在本例中将采用钢结构。通过观察实体和构筑物，如桥和起重机以及其他建筑师的作品，可以进一步深入设计。

斜角折叠

折叠作为一种生成过程，可以用来发现许多空间关系。根据设计方向的不同，折叠可以用来制作围墙或研究倾斜的空间，以构建内部层次和空间关系。

本页的项目在斜面或夹角中研究空间。初始的想法是通过折叠和切割一块 12 英寸 ×12 英寸（30.48 厘米 ×30.48 厘米）的刨花板，在三维空间中构建与场地相关的空间。空间对项目需求和场地高度的剖面特性作出了响应。薄片创造了一个内部逻辑，贯穿了各个组成部分。

模型展示了从最初的折叠到拓展和最终的场地模型之间的不同阶段。

折叠 研究模型阶段 1

最初的折叠从一张 12 英寸 ×12 英寸（30.48 厘米 ×30.48 厘米）的硬纸板开始。

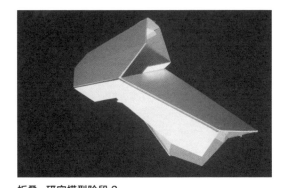

折叠 研究模型阶段 3

建筑的空间随折叠而聚集在一起。为满足场地条件，折叠需要在场地的上、下标高之间进行协调。

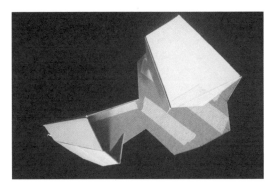

折叠 研究模型阶段 2

通过对纸板自身的折叠能创造多个层面和空间格局。

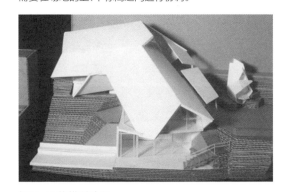

折叠 最终模型阶段

研究模型是在场地模型的背景下开发的。

正交折叠

折叠可以沿常规路线进行, 不需要复杂的倾斜空间。

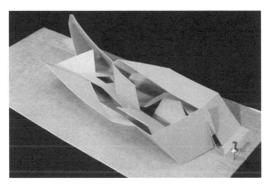

叠层折叠

创建具有分段拼接关系的内部层次是折叠过程的优势之一。

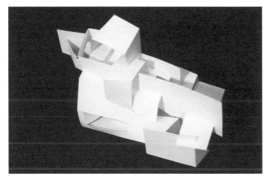

折叠连续空间

折叠可用于研究连续空间。

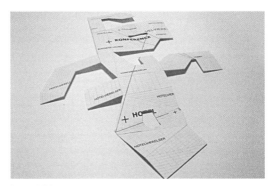

折叠映射 1

最初的折叠方案可以在映射另一组关系的过程中派生出来, 而不是通过折叠来创建特定的空间关系。

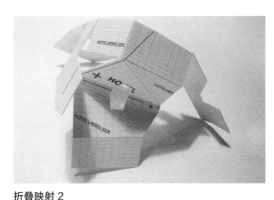

折叠映射 2

边缘必须以便于组装的方式进行规划。这样才可以形成坚固的形态。

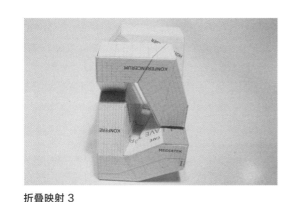

折叠映射 3

最终模型是用两张不同的纸板叠在一起构建的。请参阅第四章中亨宁·拉森 (Henning Larsen) 建筑事务所完成的斯卡拉 (Scala) 竞赛项目。

材料研究

对材料性能的研究是建筑形态研究的内容之一，包括平面材料的反应，如对布料和金属变形、悬垂、折叠和与其光相互作用的研究。由调查研究形成的语言文字被拓展并转化为建筑语言。这种方法与传统方法形成鲜明对比，传统方法将建筑外形视为框架支撑下的肌理。

布料折叠映射

本研究着眼于布料的可折叠特性，并开始通过对点的强度进行映射来解读空间。

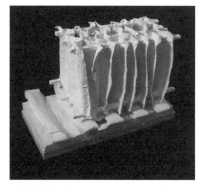

石膏材料研究

在此示例中，纱布片已浸入石膏中并在框架上被压出褶皱。空间的塑性品质是材料约束联合作用的直接结果。

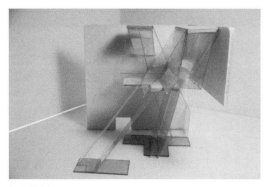

灯光模型

上面项目中的灯光映射是由光的物理表现形式而构建的。不同投影之间的交叉点是这项研究中最有趣的部分。

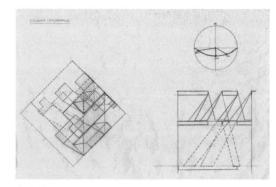

光映射项目

在此项目中，通过预先切割的开口追踪一年中两个特定时间的光照。光路径的绘制为轴测和剖面的研究提供了思路。

光映射项目

空间中光的强度已使用彩色线条进行绘制。为映射提供空间的框架成了信息交流的一部分。

水 光映射项目 1

水下光的性质成为本研究的调研基础。

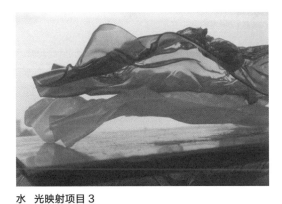

水 光映射项目 3

水和光线通过弯曲的有机玻璃层成为空间的一部分。这种尝试利用塑料的透明特性与光线通过液体介质的形式建立直接联系。

弹性映射项目

这项材料研究是基于布料的弹性特性以及在装置之间保持材料张力而创建的。

水 光映射项目 2

在这种解读中,强度水平以平层形态展现出来。

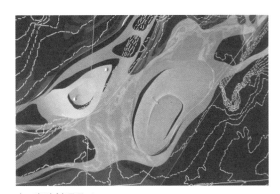

水 光映射项目 4

经过反复调查,以海底的等高线作为起始点。聚酯薄膜被切割和抬高,以模仿水的流动特性。

拓展

项目拓展

　　拓展的过程是将模型作为设计工具的核心过程，在第二章"设计理念"和"处理"两节中讨论的方法是在一系列发展阶段中用于研究模型的。这一过程与二维设计的演变相似，即将概念用于开发方案，并使其与结构、场地和项目问题相结合，以此产生一个完整的架构。这个过程建立在"放大比例尺"和"聚焦"（在本章后面及下一章中将讨论）这两个相互关联的概念之上，它作为改进和发展的方法，同时也被"编码和材料分级"和"转换：更新模型"工艺所补充，这些工艺将在本章后面进行讨论。

图解

　　一个简化模型的过程包括 4 个阶段，这弥合了概念模型的单阶段解释（前文所述）与下一章介绍的"聚焦"过程中拓展的一系列模型之间的差距。

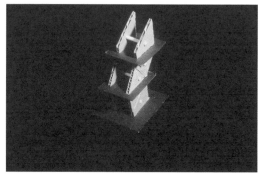

再处理阶段 1

这个项目研究了戏剧《仁慈》(*Eleemosynary*) 的主题，为剧中主角埃柯（Echo）设计了一个静修处。这个研究使用一个简单的口琴作为最初的灵感来源。

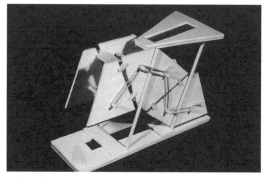

再处理阶段 3

用概念模型来创造一个基本的构造系统。

再处理阶段 2

此概要模型用来组织空间和场地衔接，将概念构造系统作为判断的基础。

再处理阶段 4

这项研究增大了项目的尺寸，并专注于将设计想法发展为埃柯的静修之所。从最终的项目中可以看到，它有效地整合了孤立的研究模型。

放大比例尺：
概要—拓展—最终模型

思路

随着模型的逐步发展，通常会增大模型尺寸，从一般性的体量关系向更高水平的细部处理转变。这个从小尺寸模型开始逐步增大模型尺寸的过程与聚焦透镜相类似。在成像倍数小的时候，只能看到大体的形状和形态。随着放大倍数的逐渐增加，建筑的轮廓变得越来越清晰，可以清楚地观察到细部，详见本章的"规模"一节。

图解

右侧图例中，最初的概要模型是在小比例尺下建立的。随着研究方向的逐步明确，放大了比例尺以便获得更多的细节。

项目 A　初始比例为 1∶384 的模型

以 1∶384 的模型小品为例，对该方案的规模、体量和力学问题进行了全面的项目研究。

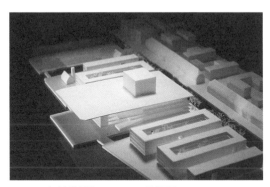

项目 B　初始比例为 1∶384 的模型

项目调查着眼于规划、规模、光线以及与城市文脉的关系等整体问题。

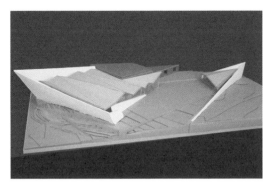

项目 A　1∶96 拓展模型

在确立总体设计的方向后，将模型放大 4 倍扩大至 1∶96 的比例，以更好地聚焦于研究对象。

项目 B　1∶48 拓展模型

随着规模的增加，研究逐渐拓展至更多部件，例如立面和屋顶等部分。

项目C　初始小型研究模型

这些小模型用于研究和完善项目的基本关系。

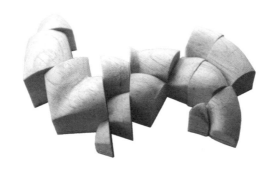

项目D　初始比例为1∶384的研究模型

该模型被用来研究项目的形态以及项目规划关系。

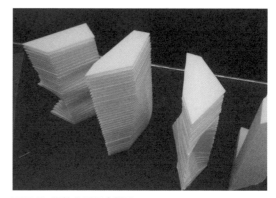

项目E　初始小型研究模型

从堆叠的截面中获得许多小的削减模型，以此来研究设计的初始方向。

项目C　1∶96拓展（最终）模型

在确定了总体方向之后，将模型放大到1∶96，以更好地聚焦于研究对象。

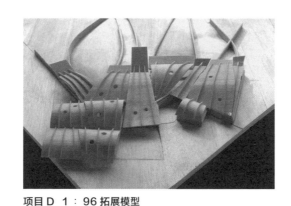

项目D　1∶96拓展模型

一旦通过上图模型确定了设计方向，场地关系就会在更大的尺度上被整合和解读。

项目E　1∶96拓展模型

从上述的模型中，选择了一个可以反映内部光照条件的大型拓展模型，并将其作为一个平台来拓展中心的空洞。

图解

　　右侧的拓展模型通过改变比例尺将焦点扩展到下一个尺度级别。在某些情况下,规模的增加可能涉及项目的选定部分;在另一些情况下,整个项目可能会以更大的规模制作。当然,更大的模型尺寸不仅更有利于理解内部空间,而且更能展现某些部分的细节之处。通过对模型的研究和再创新,项目也将继续拓展。

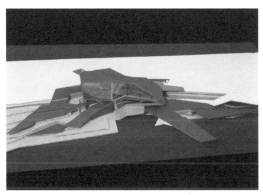

项目 F　拓展模型

1∶192 的项目模型足够用于研究空间,但需要仔细观察才能更好地了解内部关系。

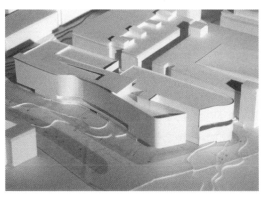

项目 G　拓展模型

1∶384 的项目模型足够大,足以通过它理解项目的全部含义,并指示出建筑立面上的主要开口。

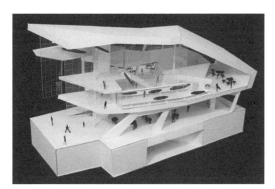

项目 F　整体剖面模型

这个 1∶96 的剖面模型,是上一个模型的两倍大,足以研究内部关系。

项目 G　剖面(拓展)模型

为充分了解内部空间,以上图模型 8 倍的大小制作了一个更大的模型。

放大比例尺：制作室内模型

思路

放大模型使其能够将焦点集中在室内组件上。这样的模型可以作为拓展模型，这样的模型可用来研究室内建筑空间和细小的组件。

内部空间模型通常以 1：48 的比例开始制作，如果可能的话会更大。这些模型必须定义空间的边界，但应留出开阔的视野和工作空间。

图解

下列模型展示了典型的比例尺和室内模型的处理方法。

1：96 中庭内部研究

这个 1：96 的模型与室内模型一样小。但如果精心制作，它们可以提供大量的信息。

数字模型内部渲染

这幅项目内部空间的数字渲染图可用于比较两种工作方法。尽管数字模型提供了更真实的空间感，但在设计阶段可能很难更改。

1：24 内部单元模型

该模型展示了典型的阁楼单元的内部空间。在这种比例下，它体现了所有的桁架细部以及家具的尺度关系。

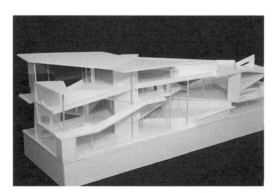

1：48 比例的剖面模型

在项目的核心进行一个独立的剖面研究，可以清楚地了解复杂的楼层间关系。模型内的主要元素如图书馆的书桌和书架，可以体现项目的空间规模。

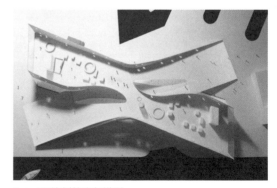

1：48 比例的内部模型

仅通过构建此方案的内部空间，设计人员便可以清楚地了解交叉点的空间连续性。提供家具还有助于形成空间。

放大比例尺：细部模型

思路

随着设计逐步深入，可以使用更大的比例来制作模型细部，如窗户、栏杆、饰带等。

这些模型的处理方式与建筑模型相似，只是以更大的比例制作，从而能更精细地研究连接处的形式。

比例尺的范围通常在1：24至1：4之间。细部模型有助于解决设计思路和构造细节，并有助于与客户的沟通。

图解

右侧图例中的细部模型展现了使用模型来创造细部或空间组件的方式。

窗框

这个展板纸板和泡沫芯模型建立在相对较大的比例——1：4上。采用这种比例，有助于研究拐角连接与墙深度间的关系。（注：测试角度被切割以适合于曲线拐角。）

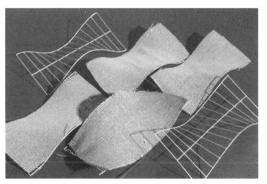

面板模型

这些用于上海世博会西班牙馆的面板模型，是在小规模研究中使用焊丝和织物制成的。通过此项目开发了用于全尺寸面板的设计语言。

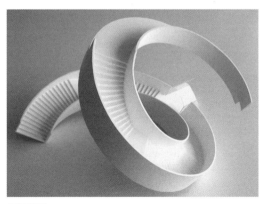

旋转楼梯

这组螺旋形楼梯的设计非常细致，充分传达了该元素给人的确切的体验感，也定义了螺旋的路径。

立面细节

这项针对立面开口的研究是在一个非常大的范围内进行的，目的是研究各面层的微妙之处。

编码和材料分级

思路

根据建筑元素（比如外墙和内部的隔墙）的分类，使用不同的材料是有效的。这种编码强化了"领会"或者理解项目关键元素和几何图形的能力。它也传达出各种元素就它们的相对重要性和物理重量方面而言的重要性。随着项目的推进，组件应该反映墙体、屋顶、楼板和梁柱的真实比例厚度。这种层次化的分布赋予了模型一定程度上的对比，也使模型作为建筑的表现形式更令人信服。

图解

以下项目使用一系列比例尺和颜色来反映不同的组件类型。

本页比例为 1∶48 的两个模型插图展示了为反映边缘细部真实比例厚度的惯用做法。（注：随着模型比例的放大，它将不会再呈现出一系列对比鲜明的元素，而如果模型板的厚度没有精确地反映出构件的真实比例，则模型会显得不可信。）

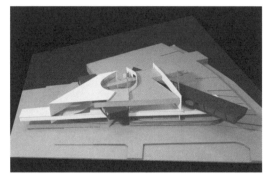

编码程式

这个比例为 1∶192 模型的程式单元用颜色进行编码，并用于理解空间相互渗透时的连锁性质。

编码的材料和概念

这个模型的编码可以从两个方面来理解。中心的基准墙、它后面的深色盒子以及前部半透明幕墙的材料在颜色、重量和材料上都传达出了对比感。此外，由中心墙所锚定的概念组织及其邻接构件被清晰地反映了出来。

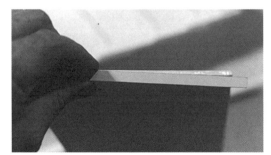

比例为 1∶48 的饰带细节

0.125 英寸（0.32 厘米）厚的泡沫夹芯顶板在边缘上装饰了 10 英寸（25.4 厘米）的用展板纸板制作的条带。

比例为 1∶48 的饰带细节

图中屋顶的边缘可以反映出真实的 10 英寸（25.4 厘米）的饰带厚度。

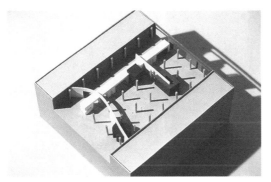

已编码的程式组件

通过把内部空间、动线构件、程式空间分别编排成灰色、白色、深色,可以在程式组件之间形成清晰的轮廓。

已编码的建筑和扩增建筑

给扩增建筑物的模型组件进行编码以区分深色的现有建筑和新构件。

规划组件的编码

在这个模型中,用一系列材料对建筑物、场地构件和建筑构造(如整齐一致的框架)进行了编码,以清楚地区分这个复杂设施的各个组件。

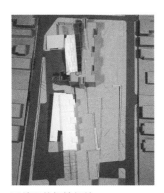

已编码的场地组件

通过编码,可以区分地面、公路、现有建筑和新建筑(白色)。(注: 场地和现有建筑通过使用较深的色调,使浅色调的新作品更加显眼。)

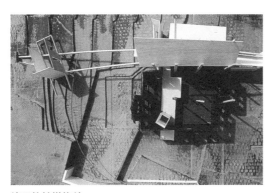

编码的扩增构件

借由空间的交织以及材料的对比,使现有建筑物的暗墙和新构件之间的明暗对比可以很清晰地被观察到。

编码结构及组织方式

白色的锚杆、动线构件、灰色的墙板,以及木质的结构网格都是用来强化结构体系和项目组织的。

转换：更新模型

思路

尽管许多决策被敲定时重建模型是有道理的，但只改变部分元素时，通常并不需要重新构建模型，因为这可能会消耗很多时间。相反，我们可以使用更新技术来有效地整理模型。在多数情况下，应用这些技术的模型完全能够用于更正式的展示。

图解

项目 A 的骨架模型重修了饰面，以便提升其完成度。有关此项目的完整分步图解，详见第九章的"实例研究 B: 雕刻铸造"一节。

最右侧的模型用纸张遮盖进行编码并提升其完成度。

项目 A 修整

在衬垫纸上切割开口是典型的重修饰面的方法。这种方法比在模型上开孔更为实用。如果使用胶水固定，表面很容易扭曲，所以使用胶带进行粘贴。

项目 A 修整

简单的阴影线在较小的模型上更易产生视觉层次。可切割其余的饰面来覆盖所有的切口以继续提升模型的完成度。

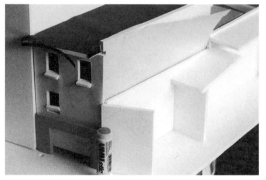

项目 B 用纸遮盖

彩色纸可以用来改造模型表面或者为模型表面编码。可以使用喷雾型黏合剂或者双面胶带固定纸张。在边缘处则可以使用胶棒。

项目 C 场地修整

场地表面也可以用纸张遮盖，用来消除粗糙模型的轮廓。纸张的应用使得初始模型的突兀轮廓在视觉上变得柔和，同时提升模型的完成度。

第三章

项目拓展
支持研究的学术实例

在学术研究工作中，建立模型是了解设计决策对设计影响最有效的途径之一，尤其适合于处理复杂几何图形。以下项目展示了几个建筑项目的模型实例，其中不少建模思路在第一章和第二章中都讨论过。

聚焦

思路

聚焦指的是应用在拓展模型进展阶段的设计方法。它吸收利用了前一章介绍过的全部思想，并且聚焦从项目的萌芽阶段到后续的发展过程中一直处于中心位置。这个过程可能从准备备选方案或离题的工作开始，但是随着它的进展，每一个新模型都建立于与前一个阶段保持关联的基础之上，这样方能形成一个完整的建筑设计方案。

具有代表性的进展阶段

从初始信息开始，包括：

- 替代性概念和概要模型研究。
- 固定的几何图形和关系。
- 研究替代性处理方法。
- 着眼于其他细节。
- 确定性的项目设计。

图解

接下来的几页项目展示了以模型作为主要研究工具而建立的项目的典型发展阶段。

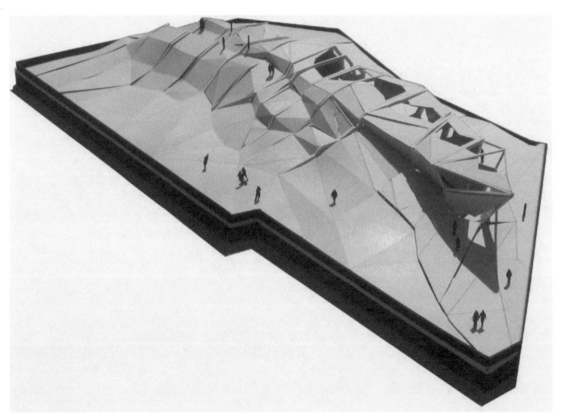

地球图书馆地形模型

拼贴合成物

本节介绍了建筑模型具有优势的几个方面。其中包括概念性思维的连续发展，以及借助模型创作建筑物的外观及立面，见第二章中"拓展"一节的"放大比例尺"。

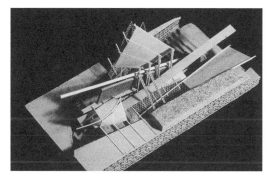

拼贴阶段 2
由概念模型传达出的各类相互关系与场地因素息息相关。这个概要模型用来把示意图转化为建筑构造。

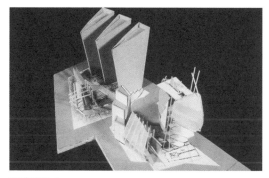

拼贴阶段 4
此合成物的总体组织与一般形式已经得到了发展，注意力应该转到改进个体构件上来。

拼贴阶段 1
宿舍、画廊和艺术工作室的形成与发展始于概念或表示性的模型，用于解释郊区和城市景观之间的二分特性。

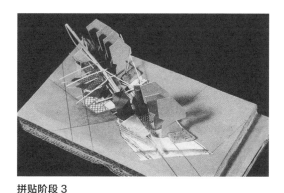

拼贴阶段 3
从早期的发现开始，设计和其他组织性的问题被用于建筑场地上的其他可能的工作。

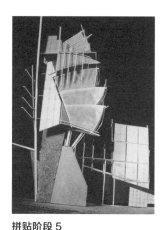

拼贴阶段 5
这个尖塔已经发展到了最终模型阶段。然后按比例将该塔的部分进行放大，以便进行下一步研究。见第二章的"放大比例尺：概要—拓展—最终模型"。

法院大楼

这个项目是位于北卡罗来纳州夏洛特市（Charlotte, NC）的新法院大楼。大楼设计任务书中还包含了位于场地北侧的一个广场。建筑形式的选择首先应考虑避免遮挡广场上的阳光。由于这种非传统的外观要求，设计师决定采用实体和数字模型共同调整模型并进行实际应用标准的确定和检测。

工作过程中要在实体模型和数字模型之间来回切换，实体模型通常用来模拟来自不同角度光线在广场上形成的阴影。

这种研究清晰地阐释了从早期的概要模型到拓展模型再到最终模型的动态过程。

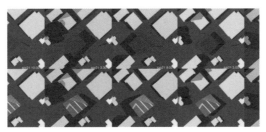

办公楼阶段 1　概念图纸

最初的项目信息来自二维的图纸，尽管图纸有许多解释空间，但它仍然提供了创作方向并被三维研究充分利用。

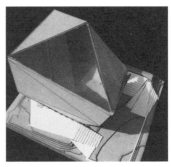

办公楼阶段 3　拓展模型

概念模型被拓展为一个空间性议题，它与设计方案和场地相呼应。

办公楼阶段 2　概要模型

该图形被理解为一个三维的建筑，并且在广场上形成了阴影。

办公楼阶段 4　最终模型

最终模型通过对拓展模型在外表、结构和层间关系上的完善而形成，尽管玻璃结构能让阳光最大限度地穿透，但利用建筑物的背后光源拍照仍然具有启发意义。

教堂建筑及外部空间

该项目是在现有的医疗保健设施中增加一座教堂的竞赛方案。教堂被规划于建筑和景观的交会处。因此,设计者在场地之中利用花园、景墙和水这些景观元素,试图模糊建筑和景观的边界并使之融为一体。

项目拓展在很大程度上依赖于模型,从早期研究到最终设计的过程,显示了对常见研究的典型处理,这些研究也在不断迭代优化中得到完善。

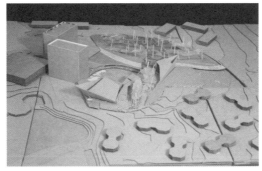

阶段 2 研究模型

这个项目最初就与现有建筑存在一些明确的关联。在研究设计的过程中,场地被重新设计以匹配新增的设计主张。

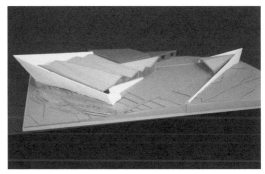

阶段 4 最终模型

完整的设计是在一个大型的场地模型上实现的,屋顶架立于砖石墙上,传达了轻和重的双重特征。

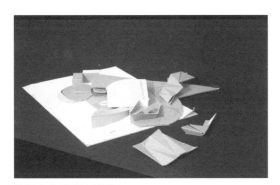

阶段 1 初始研究模型

在项目的形成阶段,依据模型比例和现有建筑的关系产生的许多设计想法都会经过测试论证。在项目的早期阶段,关于折叠屋顶的雏形就已经出现了。

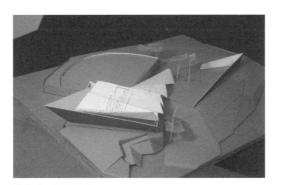

阶段 3 拓展模型

随着项目基本组织关系的明确,包括墙体和屋顶景观在内的项目内容得以逐步拓展。屋顶的折叠构造增加了结构强度,使屋顶悬挂于墙体之上,光线可以直接射入建筑内部。

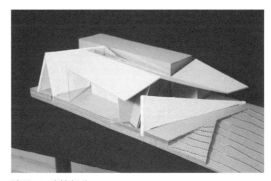

阶段 5 建筑部分

为了更详尽地研究设计,项目的一部分已经按照1∶24 的比例进行制作。在这种尺度下,建筑的材质和支撑关系可以被清晰地描绘出来。

地球图书馆

我们首先构想出一座位于人口稠密的城市中心的公园，本项目的设计任务是以此公园为项目基地设计一座图书馆。

该项目首先分析了太阳光照角度，并建立了与景观相结合的剖面方案。通过连接剖面，图书馆空间逐渐形成，并随着地形的连接，公园景观也开始成形。

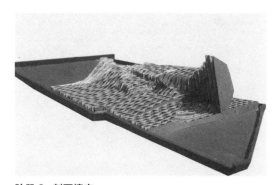

阶段 2　剖面填充

通过剖面图映射出的截面信息渲染出一个实体结构，并转化为地形图。

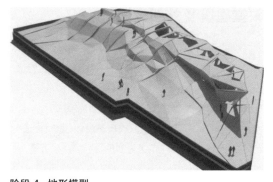

阶段 4　地形模型

该项目逐步演变成具有裂缝的景观建筑，表面的裂缝是为了给内部空间提供光照。

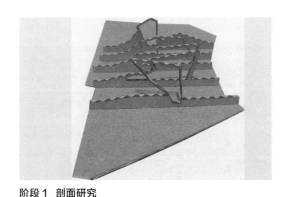

阶段 1　剖面研究

该项目最初通过程序性研究以及固定间隔的地形剖面建立起来。"塔楼"这个项目元素参考了地形剖面起伏的形态。

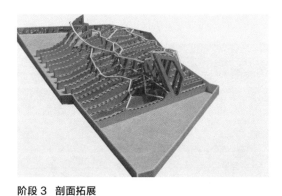

阶段 3　剖面拓展

各剖面之间的空间相互连接，形成了图书馆区域的交叉平面。项目的关键组成部分如塔楼，被进一步确定。

阶段 5　入口处塔楼的研究

将此塔楼在地形模型中孤立出来，并放大比例以便对这个元素的进一步研究。

天文台

　　该项目为克莱姆森大学校园（Clemson University campus）的天文台设计。该项目采用垂直设计，通过剖面关系将建筑与地面和天空联系起来。由于项目概念图的叠加会衍生出新的形象，故而此研究具有革命性意义。随后将产生的概念图像解释为一个三维装置，其物理构造可以推导出一组建筑关系，在这个例子中，体现了莫比乌斯环（Möbius）的设计语言。

阶段 2　条带研究

在该模型中可以看到从装置中得出的关系的初始转换。在这个阶段，基本的设计模块已经被纳入研究中。

阶段 4　条带拓展

该项目在流线组织、围护和材料厚度方面进行了改进。

阶段 1　装置研究

用基础图纸制作了该装置或者说是仪器，并建立了一套交互关系。

阶段 3　条带拓展

条带所构成的空间被细化并放置在场地中，与地面交织在一起。

阶段 5　条带最终模型

增大模型尺度，拓展内部关系，展现入口处建筑与地面连接的细节。

皮拉内西的迷宫博物馆

　　该项目是一个小型博物馆，用于展示意大利画家皮拉内西的作品，该博物馆位于南卡罗来纳州安德森市中心一座三层废弃建筑物中。该项目围绕着利用皮拉内西蚀刻版画的基本信息来探索迷宫般的内部空间。这与卡里加里博士（德国表现主义电影《卡里加里博士》主角）扭曲的空间异曲同工，为后续的模型开发提供信息。

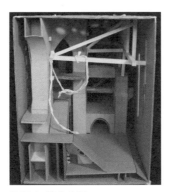

阶段 1　迷宫空间

最初设计工作的目的是解释皮拉内西蚀刻版画的立体空间。这个尝试促进了对迷宫性质的基本了解。

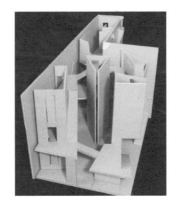

阶段 2　空间解读

之前研究中对空间的理解被应用到此项目中，以创造类似的体验。但这一初始理解忽视了卡里加里博士的"扭曲的空间"。

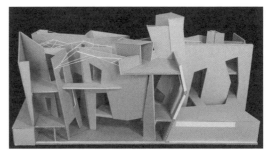

阶段 3　博物馆的最终设计

对空间的第二次尝试充分体现了卡里加里博士设计的"扭曲的空间"。

屋顶平面

原本封闭的空间，通过采光的开口，可以获得不一样的空间体验。

南方文化综合中心

该项目包括一个大型的文化综合中心，融入了南卡罗来纳州安德森地带的文化。该项目是为了呼应美国南方文化而开发的。该项目形成了一个社交圈，这个社交圈又成了此项目发展的强大驱动力。

随着项目启动，对该项目的四种不同方案进行了尝试，力图将想法与图像转化为建筑形式，并依据场地信息，制作具有潜在可行性的规划图纸。

这个特殊的项目从图纸发展至模型的过程中，采用轴测挤压法进行设计深化，过程中以轴测关系不断推敲并进行细致的形体关系研究，从而得到最后建筑方案。

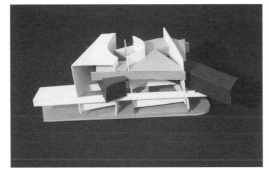

阶段 1　初始轴测模型

阶段 1 模型是根据轴测图制作的。虽没有使用精确的比例，但模型考虑到了设计方案以及场地条件，并使用颜色标记过的材料来描绘主要的设计变更。

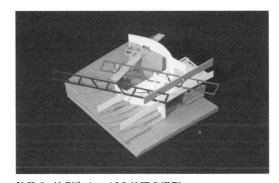

阶段 3　比例为 1 ∶ 192 的研究模型

将阶段 2 模型的中心部分分离出来，并作为骨架结构来研究该区域的场地关系。

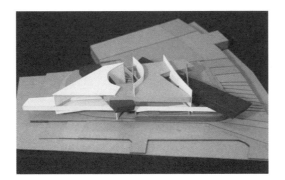

阶段 2　置于场地中的比例为 1 ∶ 92 的模型

阶段 2 模型已经调整为精确比例，并开始与场地进行联系。

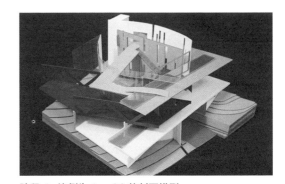

阶段 4　比例为 1 ∶ 96 的剖面模型

将与阶段 3 模型中心部分以及该部分周围的更大区域进行放大处理，以开发其空间及界面。

设计（建造）项目

该项目是为期六周的设计（建造）练习的结果。该项目围绕着《代号星期四》(*The Man Who Was Thursday*) 展开，这是一部根据 G.K. 切斯特顿 (G. K. Chesterton) 1908 年的著作改编的戏剧，俄罗斯建构主义者用它来搭建舞台布景。

这项设计工作使用了大量的研究模型。最后建造出的成果作为临时结构被安置在李厅 (Lee Hall) 建筑的庭院中。这是一个团队项目，最初的研究涵盖了以戏剧和建构主义语言为中心的广泛观念。在以 1：96 的比例进行了一些小型研究后，设计团队开始将模型传递给其他团队进行细化，并沿着选定的路径聚焦设计的重点。模型的比例从 1：96 逐步变为 1：48，最后变为 1：24。在这个阶段，图纸在改进方案中发挥着重要作用。

所示模型代表着一个连续的过程，可以遵循一个特定的设计方向生成最终的设计。为了传达设计过程中的研究程度，下文图像展现了研究模型的完整集合。

全部研究模型陈列

这一堆乱七八糟的模型让我们知道，在为期三周的项目设计阶段中，我们进行了多少次不同的研究。

最终建造成果

阶段 1　初始模型形态

这个模型是最初的抽象研究之一，它对最终的项目方向有很大的影响。

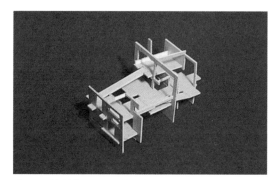

阶段 2　比例为 1：96 的初始研究模型

此模型以及 83 页中的模型成为该项目的开创性驱动力。

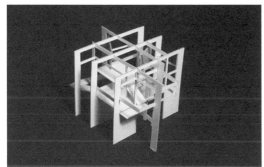

阶段 3　比例为 1：48 的框架方案模型

作为阶段 2 模型框架方案的延续,该方案研究了具有可移动分区的连续几何结构的约束版本。

阶段 5　比例为 1：48 的小型模型研究

此模型是 1：96 的合并模型的较大版本,在放大比例的情况下便于更好地对空间进行解读。

阶段 7　比例为 1：24 的最终模型

此模型是为了在更大、更精细的尺度上研究项目的细节而制作的。由于这个项目的本质是临时性的,故这个模型便成为此项目的代表性记忆。

阶段 4　比例为 1：96 的合并模型研究

这个小模型是合并先前模型的首次尝试,它指出了改进的明确方向。

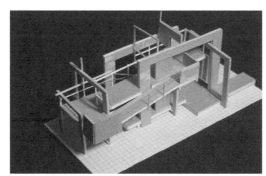

阶段 6　比例为 1：48 的精确研究模型

这是设计研究链的最终成果,用于完善空间动线以及框架语言结构,并以此模型为基础绘制施工图。

城市博物馆（广场）

这是位于西班牙巴塞罗那的一个大型城市项目。该项目着眼于重新设计城市中的一个十字路口，以创造一种更大的空间感。除了城市公园之外，一座博物馆也从这个十字路口发展起来。

阶段 2　动线规划

以上规划是为了分析和开发城市空间新的解读方式。

阶段 4　场地拓展

扩大场地的三维研究范围，以拓展公共空间和博物馆空间。

阶段 1　场地信息

现状图清晰地显示了场地内较粗的交叉轴线，它锚定了场地以及周边的路网分布。

阶段 3　场地布局

新的场地设计从三维角度进行了研究，提出设计公共空间和建筑的新方法。

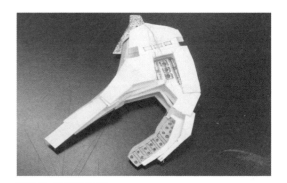

阶段 5　博物馆建筑

博物馆建筑通过综合场地信息设计而成。它是分层制作的，并在更大范围内进行了研究。

第四章

项目开发实践
支持研究的设计公司实例

在实践中，制作模型为理解设计决策对构建工作的影响提供了一种最强有力的方法，并且在处理复杂的几何形体时具有特殊的价值。以下项目是实践中的模型示例。在实际工作中可以看到第一章和第二章讨论过的许多思路，以及已建造部分与为建造它而使用的模型探索之间的联系。

马克·斯考林和梅里尔·伊莱姆建筑事务所

这个事务所在设计每一个项目时，都广泛地使用了模型。一个典型的作品就能体现第二章中许多策略的应用，这些策略用以满足特定的需求或者情况。如果没有细部模型的帮助，某些项目的结构可能会让人很难理解，有的项目则可能需要一个按比例放大的局部模型来研究空间体验。模型的作用也会根据设计方向而改变。在某些情况下，通常将模型与图纸结合使用；在其他情况下，多数的备选方案或专项方案都依据模型形成了规则。

我们通过列举该公司的 10 个项目实例，来说明模型在该公司日常工作中的不同作用。

布克海德图书馆

📍 亚特兰大市，佐治亚州，美国

该项目展示了两种主要的模型用法。第一种，由于这项工程最初是用图纸进行设计规划的，因此制作了一个小比例(1∶96)的模型来验证设计结果。第二种，为了设计入口顺序和顶棚构件，前部构件的比例放大到了 1∶48。在这个比例下，模型就足够大了，可以传达出空间体验。建成后的建筑物图片证实了通过按比例放大模型来预测现实的做法是有作用的。

布克海德图书馆（1∶48 比例尺正立面）
这座建筑物的前部比例放大了一些，以便进一步深化入口顶棚的设计方案。模型和立面图的结合使用构建的结构。

布克海德图书馆（建成后效果）
在图片中，建成后的建筑物与 1∶48 比例的模型相似，反映了在早期研究中模型对空间特性的体现。

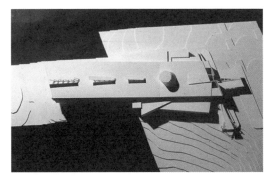

布克海德图书馆（1∶96 比例尺）
在总体的设计关系确立之后制作了这个小型的拓展（最终）模型，它描述了建筑物前部入口处顶棚的三维概要结构。

BIS 大楼竞标

📍 伯尔尼, 瑞士

拉邦舞蹈中心竞标

📍 迪普特福德河, 伦敦, 英国

赖斯顿博物馆

📍 赖斯顿, 弗吉尼亚州, 美国

　　用于赖斯顿博物馆的模型说明了对替代性方案的强烈依赖。在 BIS 大楼竞标中, 备选方案的概念被延伸到许多新部件的生产, 组合这些部件就得到了数十种新的方案。拉邦舞蹈中心模型从广泛的模型演化中产生。在这3个项目的开发中, 模型发挥了核心的作用。

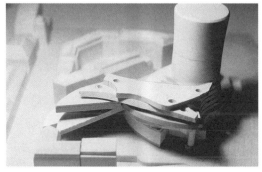

BIS 扩建建筑（方案1）
这项工程的中心圆锥塔的附加建筑需要3个方案, 利用城市区域的小型背景模型来考察它与城市环境之间的关系。

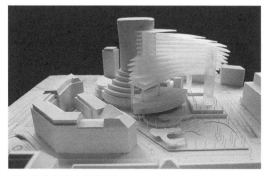

BIS 扩建建筑（方案2）
在设计过程中, 产生了许多可选择的变化。在此张图片中, 附加建筑采用了一系列层的结构, 这些层像从塔轴旋转出来。

赖斯顿博物馆（替代性的方案）
针对此项目设计出5种替代性方案, 在第一个模型上借助图纸完成了项目规划, 之后建立了一个小的二维概要图, 用来作为其他方案的研究起点。

拉邦舞蹈中心（全部模型阵列）
图中展示了拉邦舞蹈中心设计中全部模型的演化阵列, 它包括了开发过程中的各个可能方案和替代性方案的探索。

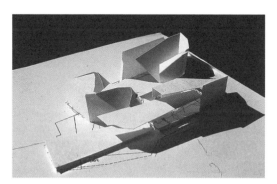

拉邦舞蹈中心（概要模型）
从上面的模型阵列中抽出的一个小的概要模型, 该早期的概要性模型被转译为项目空间。

莫罗图书馆

📍 莫罗, 佐治亚州, 美国

从小的概念图开始, 大多数的设计工作直接以模型的形式进行。随着中心塔比例尺的逐步放大, 形成了模型发展过程中 3 个清晰的阶段。

该项目的独特之处在于制作了一个可调整的模型来考察屋顶的关系, 以及根据模型的测量数据绘制施工图纸。为了制作塔楼的图纸, 不仅对模型进行了测量, 还对其进行影印和摹写以用于绘制立面图。见附录"模型数据交换"一节。

莫罗图书馆（开发组件模型）

此塔楼模型是为了开发图组建而创作的

莫罗图书馆（最终模型）

至此, 设计已经基本完成, 绘制图纸以完善立面。建筑物采用了裸露的结构, 这个最终模型包括了所有结构以研究其视觉效果。

莫罗图书馆（可调整的模型）

该模型的构造像木偶一样, 用于调整屋顶平面之间的关系。每一个屋顶的拐角点都可通过拉动基线以下的小棍子移动。

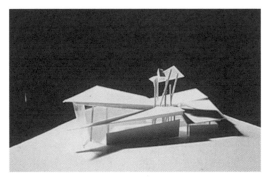

莫罗图书馆（拓展模型）

一旦建立起基本的关系, 就可以制作一个小的研究模型, 用来完善一般的关系。

莫罗图书馆（建成后效果）

项目实施之后, 这座建筑物证实了模型可以帮助设计决策。

特纳中心礼拜堂

📍 亚特兰大, 佐治亚州, 美国

　　虽然前面几个例子都是用放大部件来明确构思的, 特纳中心礼拜堂却通过使用细部处理与框架模型的组合满足了进一步研究的需要。由于交织的桁架构件非常接近, 故最终模型的下半部分将比例尺放大到1∶24, 用来计算(或处理)玻璃连接处的详细关系。

特纳中心礼拜堂（建成后的效果）

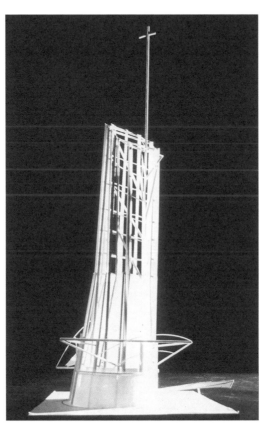

特纳中心礼拜堂（最终模型）

在此模型之前先进行了一些小型研究, 然后在计算机上绘制了整个结构系统以确定构件尺寸和角度。虽然左图中这座 80 英尺(24.38 米)高的钢结构建筑证明了设计的最终成功, 但此时无法理解的是建筑下半部分钢构件之间的三维相互作用。

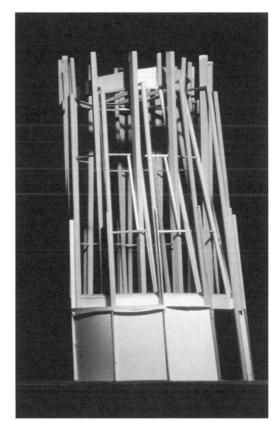

特纳中心礼拜堂（比例为 1∶24 的模型）

塔的下部是玻璃的, 需要一个可以保证支撑弯曲表面的框架体系。为了进行细节设计, 下面的部分被放大了, 同时每个构件都在 1 英寸(2.54 厘米)尺度内制作。虽然计算机建模是一种可行的替代方法, 但二维计算机绘图不能提供足够的信息来控制关系的复杂度。

韦尔斯利学院校园中心

📍 韦尔斯利, 马萨诸塞州, 美国

这个新的校园中心成了校园生活的焦点, 并且是周围地区的"灯塔"。该建筑以校园景观为导向, 力求在内部组织中体现其多样化的特征。该项目的方案是与设计同时制定的, 在最初的设计阶段, 项目方案发生了多次改变。

在下面的模型阵列中, 为建设校园中心所做的大量研究给设计过程提供了有力的理论支持。

项目模型

早期的实践是以一种将项目空间悬挂在空中的方式, 来确定平面和剖面的关系。该方法应具有灵活性, 以便测试多种布局。

拓展模型

至此, 基本关系已经确定, 并且已经开始使用光反射器之类的元件来连接各个区域。

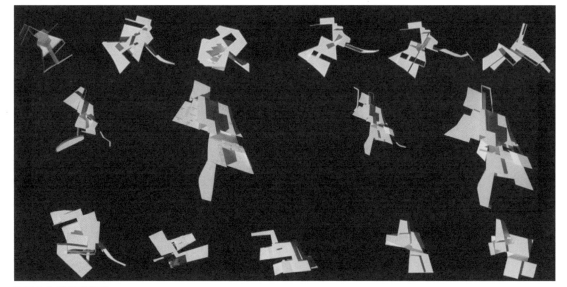

校园中心的模型阵列

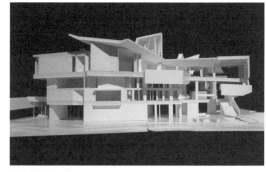

最终模型

通过建立一个大型的模型来理解建筑的内部空间, 并细化其细节。该模型是与数字模型一起制作的, 用于研究项目的体验层面。

俄亥俄州立大学诺尔顿建筑学院诺尔顿大厅

📍 哥伦布, 俄亥俄州, 美国

如下图所示, 新建筑学院的设计是从拉邦舞蹈中心项目中获得的最初灵感。在类似的考虑和项目反馈下, 各种备选方案逐渐变化, 如下图序列所示, 可以生成相应的建筑形式。虽然建筑的形式发生了各种变化, 但其内部空间的策略保持不变, 大型社交场所以坡道系统的形式展现, 为周边项目空间注入了活力。

组合模型

建筑的核心是一个集中的空间, 建筑的周边被推到场地的边缘, 部分建筑延伸到街道上。

概念流研究

在关于该场地的另一项研究中, 使用此概念模型分析了活动流及其对场地的影响。后来的许多空间利用都与本研究有关。

拉邦舞蹈中心设计模型

对于类似的项目要求, 例如较大的集中式空间和内部照明, 现场环境可以像在拉邦舞蹈中心项目中那样使用带有坡道的堆叠区域 (a stacked section with a ramp) 来激活。

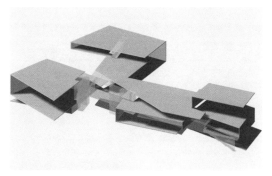

带有坡道系统的折叠模型

与拉邦项目一样, 内部的事物被推到建筑物的外部以形成一个折叠的容器。建立数字和物理模型以开发建筑物核心的坡道系统。

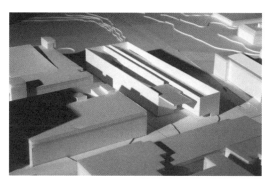

盒式方案

最初的预算是作为扩建建筑而考虑的, 为了符合新建筑的要求引出了一个激进的简化折叠方案, 即简单的盒式方案, 以符合预算要求。

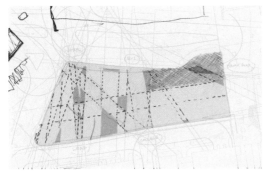

优化场地路线

随着项目设计方向的改变,开始研究另一系列的场地路线。这些手段产生了类似的内部体验,同时打破了控制网格的限制。

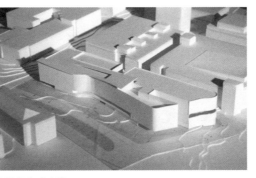

改进的盒式方案

为了突破盒式方案的限制,建筑物的围护结构通过投影、切割和切片的方式形成,使内部空间延伸至外部,将外部环境引入内部。

倾斜平面的内部模型

现在该项目的内部结构主要由剖面来体现。最重要的倾斜内部系统(称为混合装置)已进行大规模的建模,以研究其轨迹以及与交错楼层的关系。

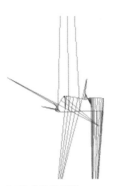

调节建筑控制线

为了发现产生特定调节信息的其他方法,场地周长被用来为每条弧线生成一系列到投影中心的切线,这些线条用于布置结构系统。

拓展模型

制作了一个更大的模型用于研究肌理、开口和场地拓展的问题。

大型拓展研究模型

建立一个非常大的研究模型来充分研究和确认室内空间的体验。

耶鲁大学健康服务大楼

📍 纽黑文,康涅狄格州,美国

这些用于卫生服务大楼的木制研究模型,说明了公司通常以模型形式进行详尽研究。在这个案例中,三角形的场地决定了建筑紧凑的设计形式,可对布局进行操控以将光照引入内部空间。还有意识地对埃罗·沙里宁(Eero Saarinen)设计的建筑如摩尔斯学院(Morse College)作出回应,并以"轻松"的形式来创建一个感性的建筑。

紧凑型木块模型
该方案研究了一个不规则的空间划分,使各个区块能组成一个整体紧凑的结构。

调整后的木块模型
由两条街道轴线来调整各个区块单元,并使其充满整个三角形场地空间。在这个方案中,最重要的是将光线引入建筑空间之中。

项目驱动的木块模型
各种项目区块之间要有一定的空隙,以充实三角形的场地空间。

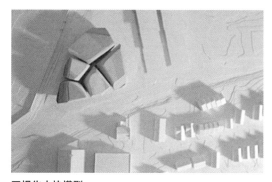

正规化木块模型
此模型在对边缘进行软化的同时,将三角形场地分成规则的区块。

最终模型
在最终方案中,该地块已成为一个连续的雕塑体块,在其他研究的指导下其表面有切痕和凹陷。

卡内基梅隆大学盖茨计算机科学中心

📍 匹兹堡, 宾夕法尼亚州, 美国

在这个项目中, 复杂空间竞相争夺最好的采光。最初的研究看起来似乎是正式的尝试, 但却是对特殊空间所需外墙数量的合理反映。这一策略在该项目中被运用到极致, 并通过一系列的研究加以完善, 以得到建筑物的最终形式。整个场地的高程也发生了很大的变化, 建筑被用来调和这种变化。

概要研究模型

这个模型是从图纸中提取的, 根据项目概要要求对所有外墙墙面进行拉伸而制作。

堆叠概念模型

在这个模型中, 项目的"拼图"以楼层为单位叠放碎片堆叠在楼层间, 以形成室内采光井。

项目拓展模型

虽然主要的项目区块已对将光照引入建筑物的想法进行了规范, 但仍然在建筑的剖面上保留了一些深井。

最终方案

最终模型虽然在一定程度上得到了合理的处理, 但可以看出它与早期的研究仍有着明显的联系, 而且仍然接近于开发阶段的设计。

克拉斯、肖特瑞吉联合事务所

西格姆住宅

📍 圣罗莎海滩，佛罗里达州，美国

该公司设计了许多优秀的住宅，并在整个过程中将研究模型作为设计工具。

该模型是了解西格姆住宅动态空间的关键要素。特别是在拓展阶段，需要特别关注模型结构的演变，以及将模型作为施工可视化工具在现场的使用。本页的图片比较了现场模型和接近完成时的项目视图。所有屋顶均已完成构建，因此可以从模型中移除，以显示内部空间和框架系统。

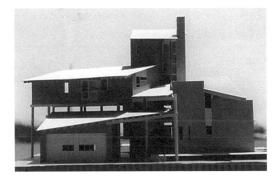

西格姆住宅（最终模型 1）

最终模型的北立面在制作过程中用来理解整体关系和框架结构。该模型在最后的拓展模型（见 98 页）基础上被放大并且进行了细部处理。

西格姆住宅（已建工程 1）

这座建筑已经接近完成，它反映了这个模型将建筑各部分有机地结合起来的能力。进入内部之后，实际空间就超出了模型所体现出的设计空间。

西格姆住宅（最终模型 2）

最终模型的南立面。与建造完成的相同视角的建筑照片相比，很明显模型具有强大的预测能力。

西格姆住宅（已建工程 2）

建成的房屋提供了从前到后两种不同的空间效果，其中北立面打破了形式的完整性，仿佛在空间中舞蹈，并将立面与南侧环境景观结合了起来。

西格姆住宅研究（拓展）模型

这些模型代表了界定建筑物各种部件的探索。在这一点上，已经建立了一个粗略的总体方案，并通过对总体建筑物进行统筹来开始研究。通常随着各部分的确定，可以看到重点转移到针对单个构件的替代性解决方案。

这个研究最终发展成为一个与最终模型相似，但没那么详细的拓展模型。

阶段 2　西格姆住宅前部

北立面上的主要构件看起来在这一阶段已经形成，并尝试了一些替代元素，如互成角度的盒子（第二层贴上胶带的拐角）等。

阶段 4　湖边西格姆住宅

此刻的模型，南立面的大多数空间已经建立起来了，可以开始进行最后的改进。

阶段 1　西格姆住宅

此时，这座住宅看起来与它的最终形式有几分相近了，但是墙体还没有被定义。模型仅仅体现了单个构件，其他形式的思想表达正处于研究阶段。

阶段 3　西格姆住宅湖边别墅

这个拓展模型的南立面看起来已经基本成形。研究将集中于塔楼以及其正下方的空间。

阶段 5　西格姆住宅前部

除了对处理细部开口和交叉点关注较少之外，这个拓展模型与最终模型很相似。

瑞特建筑事务所

这家事务所惯用灵活、即兴创作的设计风格，以适应每个项目无法避免的独特特质。许多工作是通过与客户的协作建立起来的。在合作过程中，已经探索了各种设计方法，其中建模在开发新体系中起到了关键性作用。

辛特·格莱斯卡大学

📍 安特洛佩，南达科他州，美国

辛特·格莱斯卡大学是美洲第一所也是最古老的部落大学。瑞特建筑事务所的建筑师应邀为这所大学规划并建造全新的校园。该项目使用模型对拉科塔（Lakota，美国西部一个美洲原住民的民族）传统运动和休息系统的空间和图解结构进行了高度细化的解读。这座多功能建筑物的细部模型展现了关于聚焦和层次结构的许多方面。

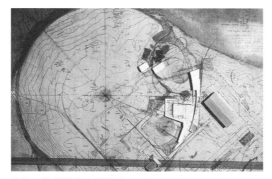

辛特·格莱斯卡大学的总平面图
模型和图纸协同使用能够反映出传统的拉科塔空间体系的场地关系。

辛特·格莱斯卡大学多功能大楼
模型元素被用于设计和细化所有的构件，并结合传统的拉科塔信念和分层排序系统。

辛特·格莱斯卡大学科技大楼和学生中心
从左到右肋状的屋顶结构，采用建模的方式描述了在两座建筑之间神话般的星桥结构。

辛特·格莱斯卡大学多功能大楼
一个醒目的卡佩姆尼（Kapemni，拉科塔民族的一个符号），或通用模型（中心），考虑了与规模和层次有关的每个结构构件，并将注意力延伸到屋顶结构中心所示的 27 根象征水牛肋骨的建筑杆件。

多兰山艺术基地

📍 特曼库拉, 加利福尼亚, 美国

　　该项目由一处小型疗养院改造而来。在时间和材料的限制下, 建筑采用了本土结构, 形成了独特体量。这些模型是三维绘画练习的体现, 设计师通过放置关键构件来塑造外形, 并开发出源于独特结构和支撑系统的结构框架。

卡松 · 瑞格住宅

📍 加利福尼亚, 洛杉矶, 美国

　　该住宅是嫁接在现有工业建筑上的一系列附加物。材料主要来自建筑物附近的废料场。由于大部分工作是正在进行的, 因此模型被用来指导每个部分的施工工作, 并在施工过程中发展建筑思想表达。

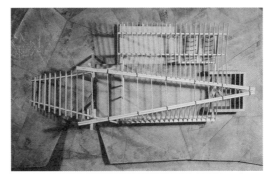

多兰山艺术基地
在俯视图中可以清楚地看到三角框架及其子系统的示意。

多兰山艺术基地
填补空间所产生的体积表明了使用三维图形建立框架轮廓的有效性, 该模型还有助于重新思考三角支撑体系。

卡松 · 瑞格住宅
现有空间的特性在这个内部模型中得到展现, 而新型采光顶的效果, 就像我们在这个空间中感受到的一样。

EMBT 建筑事务所

这家公司因其创新成果而闻名于世,并有许多建筑作品。物理模型形式的三维设计工具在设计过程中发挥着重要作用。从早期的概念研究到大型的实体模型,每个阶段都对模型进行了详尽的研究。场地作为一种被操控的地形,在设计过程中起着很大的作用,模型研究也反映了这一点。

现从他们的作品中选取一些例子来说明模型的作用。

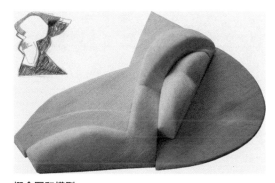

概念图和模型
左上角图的手绘方案基于一个胚胎,这个方案被转换成了三维模型。

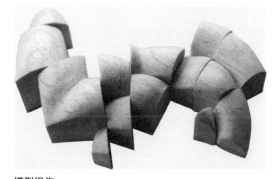

模型操作
将模型分割成几个部分,并通过移动这些部分将光线引入各个空间。

帕拉福尔斯图书馆

📍 帕拉福尔斯, 西班牙

这个项目的模型是典型的 EMBT 风格。设计从构思草图开始,不断修改直至与景观相适应。在这个案例中,景观促进了建筑生成,两者相辅相成。

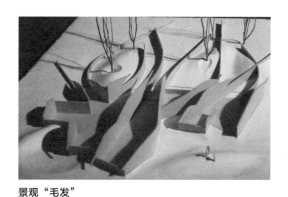

景观"毛发"
景观从场地中"生长"延伸,这些概念上的"毛发"将场地与项目结合在一起。

完成后的图书馆模型
已完成的项目像是开始了一系列喷发,将景观延伸以形成空间围合,继而创造出独有的地形。

阿赛洛展馆

 阿尔泽特河畔埃施, 卢森堡

这个项目是通过在周围场地上建立一种无形的精细线条而形成的。这些线条来自风、树木的运动、雨水、历史背景以及景观与城市的关系。

这些模型清晰地展示了该项目从前期对景观因子的研究到最终设计结果的确定整个发展过程。

竣工的建筑
建筑物被从地面上抬起,带露台的外部坡道空间被视为模糊内外部空间的另一种理解。

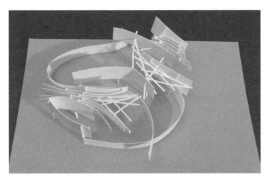

初始概念
场地上的线条轨迹以及不同轴线的交点在项目位置上相结合。

空间体量
项目空间是在各种循环条件的主体中形成的,并在模型的早期阶段生成一种介于封闭与开放之间的模糊感。

拓展模型
研究模型内部空间,并重点开发整个模型中各个动线之间的交叉点。

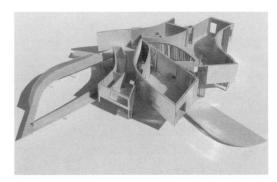

最终模型
在这个阶段,划定模型开口,打造建筑风格,例如墙壁厚度和可用空间。

天然气大楼

📍 巴塞罗那, 西班牙

天然气大楼坐落于巴塞罗那, 与城堡公园内的凯旋门一起都位于城市主轴线上。即使是在所有影响场地空间的因素都被考虑在内的基础上, 这种与地标性建筑之间的联系对项目的发展也发挥了很重要的作用。分散的体量结合起来组成了较大的体量, 这与巴塞罗那较小的规模相呼应。通过众多模型研究了这些因素的动态组合方式, 以一种确定性的方式逐渐塑造空间。

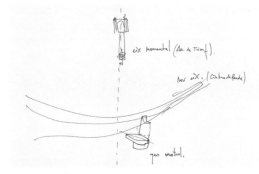

凯旋门和轴线

方案最初的手稿研究的是拱与场地轴线的关系。在此阶段, 场地标志和悬臂大门已经初具雏形。

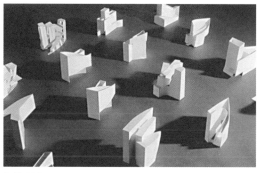

包络研究

模型列阵展示了为探索各种场地因素如何作用于建筑体量而进行的广泛研究。每种形式都是针对某种情况的具体回应。

竣工建筑

竣工建筑具有引人瞩目的悬臂, 该悬臂最终被统一的玻璃表皮覆盖。

场地模型

场地模型突出显示了建筑以及其所代表的一种规模变化之间的关系, 在这种关系中建筑作为一种进入巴塞罗那这个规模不大但人口稠密地区的切入点而存在。

拓展模型

所研究的项目的每个部分都被作为不同材料组件之间的"对话"进行研究, 这个方向在最终方案中被舍弃。

圣卡特纳市场改造项目

📍 巴塞罗那, 西班牙

这个项目既是对于现有市场的改造, 也是对邻近街区的规划。为保留和使用原有市场的一部分, 团队研究出了各种方案。最初的方案是将其视为现存街区的延伸, 因为它们是从原有的墙壁上延伸而来的。最终, 外墙的很大一部分被起伏的瓦片屋顶覆盖, 如第105页所示。团队研究了大量模型来确定屋顶的形式和结构。

屋顶方案的初步研究

左侧初始图形是在研究与现有墙相交时构建的, 作为线框研究。对社区的规划模糊了重建和新措施之间的界限。

屋顶研究和邻近区域

项目重点转移到将现存大部分周边建筑物与后方的新建筑相结合。屋顶用金属丝在规则面上建模, 研究其弯曲特性。

屋顶细节研究

对整个屋顶系统进行了详细的研究, 包括大型弯曲层压木梁和横跨内部空间的 3 个大型拱形桁架。此模型中显示的延伸至街道上的长投影并没有在最终的施工中实现。

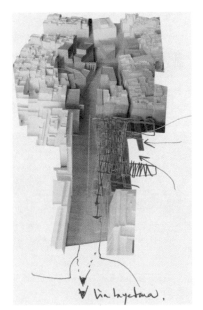

屋顶方案的手绘草图

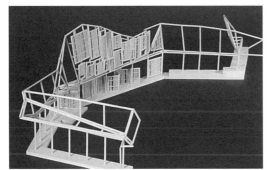

后立面研究

对一层木质填充框架和面板进行建模,以研究屋顶和市场空间在项目后立面上的封闭性。

后立面

可以将上面的作品与左侧非常精细的模型相比较。层压木梁和檩条可和第 104 页中屋顶细节研究模型进行比较。

街道入口

从街道上看,市场入口由屋顶突显,屋顶在旧墙上部,由分柱支撑。

竣工建筑

屋顶结构部分借鉴了建筑师高迪(Gaudi)早期为圣家族大教堂(Sagrada Familia)基地学校设计的项目。这个项目中,屋顶的拱形结构前后交叠。对这种屋顶的设计是从布料的特性中获得灵感的,设计师试图复制出这种材料特定的折叠类型。具有蜂窝状图案的彩色表面(在彩色图像中更受赞赏)是该城市的主要代表。虽然在街道层面难以看其全貌,但周边街区的高层获得了新的景观。

上海世博会西班牙馆

📍 2010 年, 上海, 中国

此展馆采用的是一个可持续发展的方案, 它利用柳条编织篮的形式, 沿着篮状体的线条来定义空间。柳条状结构既是建筑物的过滤器又是建筑物的表皮, 同时建筑的网状框架结构也采用了编织的概念。

在这里可以看到许多模型, 包括用来测试他们制作技术的小型和全尺寸的实体模型。

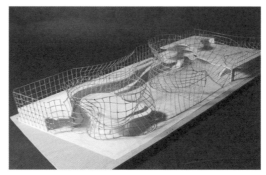

线框结构

左图瓦楞纸板模型的空间被转换成线框结构来定义建筑的实际结构, 数字建模已用于控制这个过程。

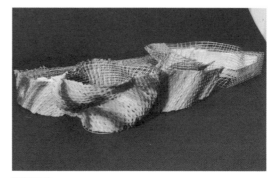

编织表皮

编织纸覆盖框架, 以模拟项目的芦苇状表皮, 这一阶段的数字模型也已经制作完成。

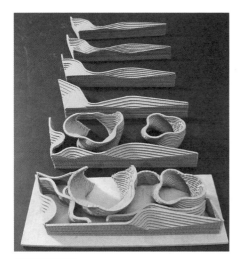

堆叠剖面模型

使用切成独立个体的瓦楞纸板来研究篮状体的体量。

小型覆盖件

已开发了一种模型覆盖件的库, 以满足不规则表面对各种形状覆盖件的所有需求。此模型使用了锡焊丝和布料。

全尺寸覆盖件小样

在办公室里用弯曲的木料和芦苇制作了全尺寸的模型覆盖件, 以研究实际覆盖件的细节。

3XN 建筑事务所

　　3XN 建筑事务所是一家具有创新性和突破性的丹麦设计团队。他们通过竞赛项目而闻名，例如哥本哈根的建筑师之家（Architects House）、埃伯尔措夫特（Ebeltoft）的玻璃博物馆（Glass Museum）和最近的利物浦博物馆（Liverpool Museum）。表达连续流动、永恒曲面和重叠空间的理念是 3XN 很多作品的核心，并在设计阶段通过物理和数字三维建模信息的并行轨迹来追求。从这个意义上讲，该公司在继承传统纸质模型所有优势的同时，结合了数字建模的所有优点。

雷诺卡车展览场

📍 里昂, 法国

　　该项目是对雷诺卡车部门的新陈列室和培训设施设计的竞赛，由于项目打算被应用在多个地点，因此没有确定实际的背景。设计师利用高速公路和路线图的概念来生成空间，并制作了最初的剪刀式截面，将楼层和屋顶连接成一个连续的空间。

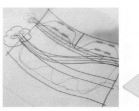

剪刀形截面

地面已被切割并抬高成桥梁的状态。该图显示了此切割可以水平位移以重叠其他部分。

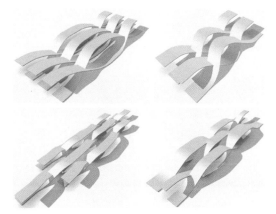

编织带

对备选方案中的组合部分进行数字化探索，以创建卡车展览和项目空间的地形。

卡车展览

使用一种早期的泡沫芯模型，将卡车展示和绿色空间的格局交织在一起。

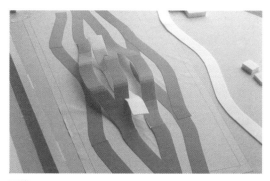

网络

在泡沫核心中建立一个更大的网络模型，以研究项目接触地面时与景观的联系。

网状结构层次

陈列室的基本交织体和较大的网状结构整合为一个单一结构。

模型内截面

包含内部空间的剪刀形模型。

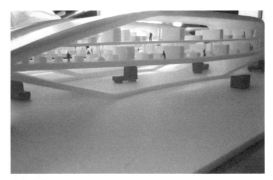

内部空间

该模型以更大的比例构建，并添加了内部组件。

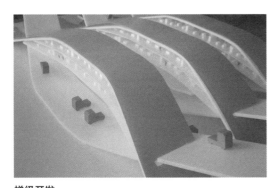

梯级开发

以卡车展示为明显特征，在更大尺度上研究了相邻展厅和办公空间的格局。

数字模型

该项目采用数字化建模，包括建模细节和绿色空间。

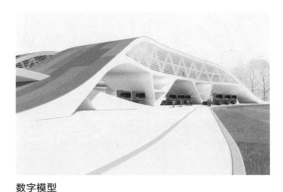

数字模型

数字模型能够模拟空间的实际特征，并能提供地面视角的建筑内部视图。

利物浦博物馆

� 利物浦，英国

事务所详细调查了利物浦博物馆的场地信息，包括之前停车场的人流量、景观、历史和其他影响因素。该方案将博物馆设计成为连接码头各个部分的联络中心并打开了视野。与其说博物馆是一个静态的容器，不如说它是一个多孔的连接器，可以在通往其他地点和活动区域的途中穿过它。

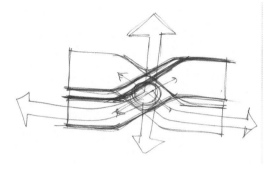

初始概念

该方案的草图显示了博物馆两个交叉翼所形成的重叠路径的基本组织结构。

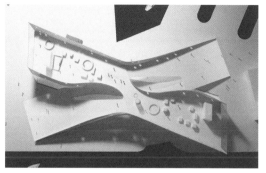

拓展模型

该模型的尺寸有所增大，并且将人流动线作为内部条件进行了细化。在这一阶段，已经提出了对室内空间的规划建议。

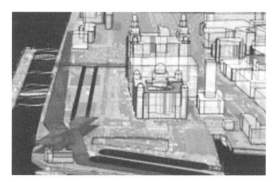

位置图

场地图分析表明，该项目将从通过场地的路径和景观的交叉点形成的联系中获得线索。

方案模型

该项目的早期模型探究了上图中隐含的思想。在三维设计中，穿越空间的想法也在垂直轴上得到体现。

内部空间

对三维内部空间的研究是理解两个人流动向之间空间重叠特征的关键。

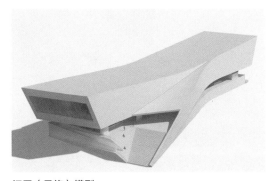

拓展（最终）模型

建筑的形式已经过改进，可以传达其基本特质。大视窗将室内体验聚焦在城市的关键部分。

纵向剖面模型

室内部分沿纵向制作，以研究内部体验的核心。

室内模型

中央连接部分的内部空间已经按照大尺寸来建模，以此来完全研究和展示该位置的剖面情况。

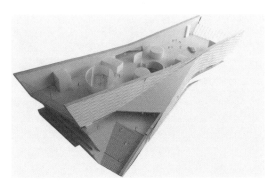

最终模型细节

添加了内部组件，带有刻面石材立面细节的最终模型。

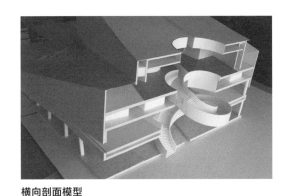

横向剖面模型

从横向切入项目模型，以研究在纵向上没有完全理解的内部关系。这有助于对内部体验进行实体解读，而这是数字模型无法提供的。

外墙模拟样板

为了实现石材外墙的设计理念，制作了大型实体模型，在这个尺度下，可以理解方案的图案和纹理。最终将制作一个全尺寸的模型来确认该方案。

比亚克·英格尔斯的 BIG 事务所

BIG 事务所是哥本哈根创新实践新运动的一部分，该事务所旨在借助一系列屡获殊荣的项目改变欧洲和世界的景观格局。作为合伙创始人的比亚克·英格尔斯（Bjarke Ingels）认为自己是一名"助产士"，用新的方式整合现有观念，创造出令人惊讶的产物。该公司的许多项目都体现了对艺术家埃舍尔（Escher）莫比乌斯环的着迷，并在作品中注入了一些不太可能的元素。

高山住宅

📍 奥雷斯特德，丹麦

高山住宅的出现是对早期项目的重新诠释，该项目从大量公寓中整合出一座运动场馆，创造出一组倾斜的单元。在这个项目里，倾斜的停车平台被大体量的公寓单元遮盖，一些体量被挤进停车平台以回应邻近的空间。详见下图。

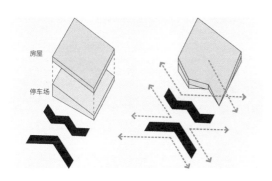

复合组合模型
上面的模型展示了以各种不同方式研究出的停车平台和顶部房屋。

住房单元模型
这些单元沿着停车平台梯级而下，前面是私人庭院。图片显示了对单位组织方式进行的多种研究。

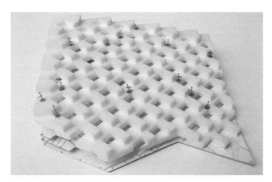

单元组合模型
住宅的基本方案一定程度上是对建筑师约恩·乌松（Jorn Utzon）的 L 形庭院类型的改造。

拓展研究模型
为了解决停车与住宅单元之间关系的问题，制作出了更大的模型。

停车场内部

在这种大型模型中，倾斜的锯齿形室内停车场空间已得到充分开发。停车平台上有哥本哈根第一台倾斜电梯。

最终模型 2

该模型显示了环绕停车平台的遮挡墙。墙壁必须敞开，以便平台通风，同时还要提供防冰雹和防雨的功能。

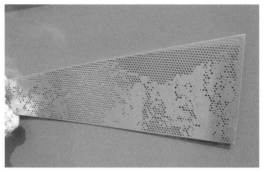

遮挡墙模型

为遮挡墙制作出了等比例的测试模型。遮挡墙的图案是利用计算机辅助设计（CAD）控制的设备制作的。

最终模型 1

住房单元和停车平台的模型已制作完成，表现出了花园区域的交替式规划，该规划是为了确保下层单元的采光。

山的意象

包裹停车平台的金属遮挡墙隐喻了山的形象，图像被光栅化为黑白点图案并融入遮挡墙面。

竣工建筑

金属反光立面包裹的完整建筑，证实了模型的预测能力。

斯卡拉

📍 哥本哈根, 丹麦

在这个竞赛方案中, BIG 事务所将本项目构想为一个高层建筑, 它被看作是从一个完整的城市街区中崛起的传统螺旋塔与一座纯粹的功能主义摩天大楼之间的纽带。

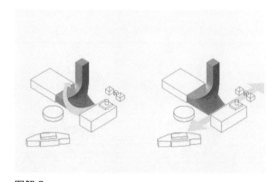

图解 2
塔楼被设计成螺旋楼梯状, 上图展示了外部空间。这种大体块的扭转, 可以通过数字模型实现。

研究模型
这组研究模型表明已经开展了为探索项目简图的各个方面而进行的深入调查。

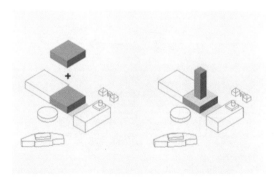

图解 1
该图左侧显示了两个程序模块的组合, 可以转换为基础方案和塔式方案。

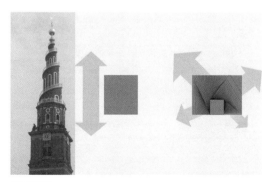

场地因素
通过分析场地来确定影响建筑物的因素。场地的方向与城市网格相呼应, 对角线与城市中的主要地标相连, 反映了重要的塔楼顺着城市螺旋的意象。

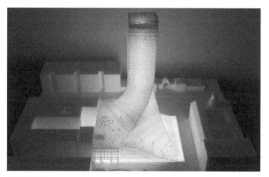

最终模型
方案模型的最终渲染效果被用来研究项目的发光状态。由于柱体的扭转螺旋, 紧密的排砖图案产生了云纹效果。

上海世博会丹麦馆

📍 2010 年世博会，上海，中国

　　在此项目中设计者提出了可持续发展的构想，并由 1500 辆自行车、哥本哈根港的水和小美人鱼雕像组成。虽然项目的初期研究阶段有几个备选方案，但所有方案都包含连续自行车道。

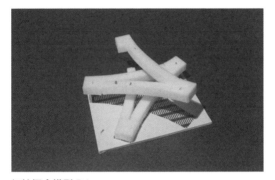

初始概念模型 B1

基于硬弯连续路线的想法，提出了第二种备选路线设计方案。

拓展模型 B3

该项目方案的规模不断扩大，组合模型用来研究和细化方案的道路动线。

初始概念模型 A1

该项目概念模型使用交织星状结构来表现连续路径。

小型概要模型 B2

概要模型的空间已经被合理化和扩展，可以为项目提供规划空间。

最终模型 B4

该方案以实体（中空）模型呈现，阐明了结构、开口和内墙的布置。

概念模型 C1

为了发展出新的设计方向, 使用了一小块泡沫, 并研究了几种将空间包裹起来的方法。这个方案着眼于一种打结空间的结构。

概念模型 C3

泡沫扭结在一起缠绕成紧密的螺旋状结构, 对设定项目的方向有一定的帮助。

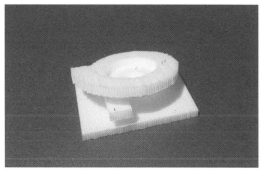

概要模型 1

增加小螺旋的规模, 并对开放环路方案进行了测试。

概念模型 C2

项目空间以简单的环形螺旋形式穿过场地, 该方案并提供了一个长入口坡道的建议。

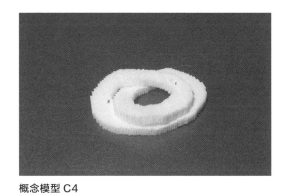

概念模型 C4

螺旋的想法被呈现为一个更加扁平的循环, 逐渐回绕。从概念上讲, 这是"打结"和"螺旋"结构的结合。

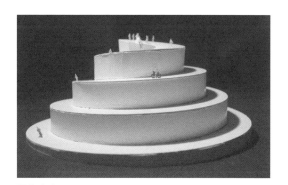

螺旋方案

为研究这个想法, 螺旋塔被呈现为一个更大的组合模型。

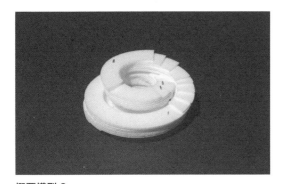

概要模型 2

连续螺旋的空间被拓展为更深层次的空间解读。

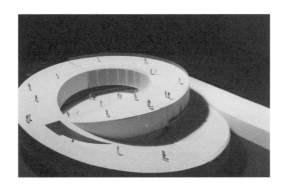

拓展模型

在此拓展模型中呈现了细节和入口路径。

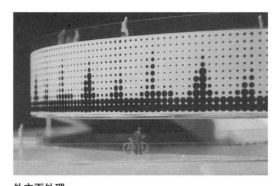

外立面处理

拓展模型的形象体现了开孔策略，即在其立面上表现城市形象的映射。

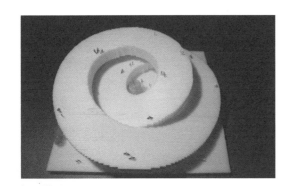

概要模型 3

对连续螺旋进行更大范围的建模，以完善其体量和路径。

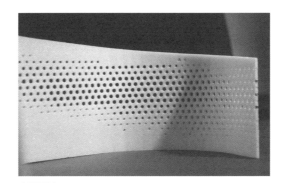

立面研究

外立面上有一系列孔，用模型进行模拟实验，让这些孔可以透光并能将光送入城市。

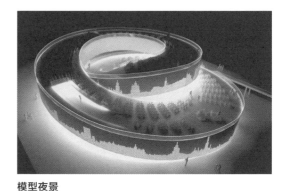

模型夜景

模型的内部照明测试了建筑物在城市中作为大型发光体的效果。

亨宁·拉森建筑事务所

这家丹麦事务所已经成立了 60 多年, 参与的项目遍布世界各地, 然而, 它却根植于当下。哥本哈根歌剧院也许是该事务所近年来在国际上最著名的项目, 它在事务所的现代主义历史和当代实践之间架起了一座沟通的桥梁。目前, 该事务所参与了许多竞赛, 这些竞赛使事务所与丹麦和荷兰事务所的创新工作紧密相连。

哥本哈根歌剧院

📍 哥本哈根, 丹麦

哥本哈根歌剧院位于霍尔曼岛上, 与海港对面的大理石教堂排成一排。它的大屋顶框架构成了室外庭院空间, 连接着歌剧院和教堂之间的轴线。门厅空间的弧形立面包含许多阳台, 可激发运动体验, 并衬托出容纳表演空间的大型木质外壳。歌剧院的许多早期方案展示了它从一个玻璃盒子演变为一个半透明立面的可成形空间体块的过程。设计工作由一系列实体模型开始, 这些模型被视为理解空间的最佳方式。

初始玻璃结构设计 1
歌剧院的早期构思是将其设计为玻璃外壳结构。室外空间是存在的, 但没有体现在这个方案之中。

初始玻璃结构设计 2
另一种玻璃结构设计是将盒子分解为一系列单元, 并开始向港口前方的室外空间移动。

建成后效果

实体设计

该方案改变了设计方向，并将建筑物视为实体空间。屋顶设计为悬空形式，组成了入口序列。

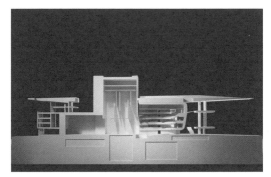

剖面模型

剖面模型显示了歌剧院后台、夹层悬浮空间、表演座位和门厅空间之间的重要关系。

最终模型

歌剧院最终设计的建模非常精细，包括屋顶平面厚度减小的细节。门厅空间的立面在一个大型仓库中以 1∶1 的比例建模，以充分体现其细节。

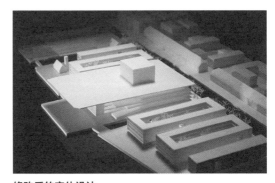

修改后的实体设计

门厅空间放弃了完全封闭的方案，转而向城市开放，变为一个在大型框架屋顶下的玻璃幕墙。最终设计采取了本方案。

场地模型

在此模型中，可以很明显地看到港口与大理石教堂之间的直接联系。歌剧院的规模虽比周围的建筑大得多，但仍保持了基本等高的设计。

桑巴银行总部

📍 利雅得,沙特阿拉伯

　　利雅得的桑巴银行(Samba Bank)像一个巨大的雕刻物。下面可以看到关于多面体块类型的各种建议。背景模型显示了该银行将要建于建筑物密集的城市环境之中。

　　在最终设计中,一个与结构中心中庭有关的大孔是通过在立面的透明玻璃上开口来暗示的。

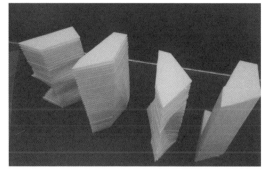

组合模型

银行的组合模型使用堆叠泡沫芯的形式来模拟银行建筑物的雕塑表面。数字模型提供了创建各个部分所需的信息。

光照研究

完整的大型设计模型研究了建筑中光线的照射情况,并被用于开发中庭里重叠的玻璃面板。玻璃面板的各层用不同厚度的纸来模拟。

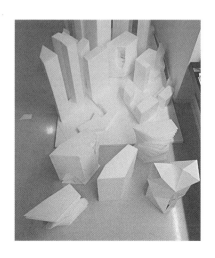

开放式设计

左图所呈现的完整的开口结构设计是在一个非常大的尺度上进行研究的,以便能够充分确定结构的完整关系与细节。

斯卡拉竞赛项目

📍 哥本哈根, 丹麦

　　该项目是一个三维城市开发项目, 位于哥本哈根的蒂沃利旁边。建筑计划被安置在两座细长的塔楼中, 共同形成折叠结构。该方案将格拉布罗德广场（Grabrodre Square）重新安置到 6 楼和 11 楼。

　　使用模型研究折叠过程, 以便为两座塔楼建立多面形式。

研究模型

用于研究备选方案的各种模型, 详尽地体现了研究的过程。所有这些模型都与项目图有关, 但它们研究了不同的解决方式。

折叠塔楼

两座塔楼之间产生了对话, 并在内敛的体量形成的间隙中形成了凸起的庭院空间。

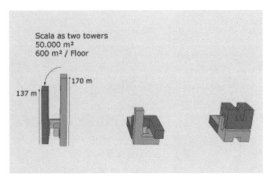

方案图解

将两个塔楼折叠在一起的想法在这个早期的方案图中得到了说明。该图清楚地阐述了模型研究的后续策略。

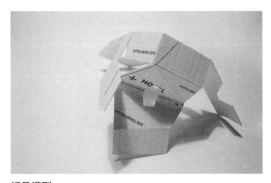

折叠模型

折叠的过程用于实现塔楼的两种交错形式。在这种情况下, 正方形的映射有助于确定折叠体的边。

最终模型

广场上的最终模型传达了建筑的公共性质, 并解决了在小规模城市街区中容纳大型项目而不建成高层建筑的问题。

玛莎儿童活动中心

📍 大马士革, 叙利亚

对于这个项目, 设计师首先提出了玫瑰花瓣间透光的想法。项目空间由外围的迷宫空间和供人们聚会的中心空间组成。设计模型围绕着此主题思想不断演进, 作品被设计成以一种展开的相互交织的壳状体, 而不是从中心直接投射。

参数化数字建模在对项目的把控中也起到了非常重要的作用。

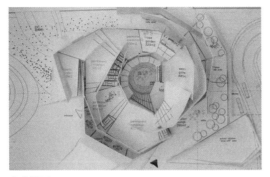

方案模型 1

从平面图上看, 方案的空间和交通动线展示了使用者沿中心移动时可能产生的不同空间体验。

概要模型

方案的尝试被推进为一个空间封闭的三维模型。对早期模型进行简单的墙体挤压, 形成了一定的体量空间。

最终模型

竣工项目的模型显示了表皮上开口图案的精致细节。

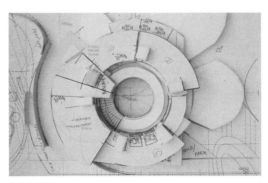

方案模型 2

楼板的标高为进一步理解项目的空间需求及其可能的关系提供了帮助。

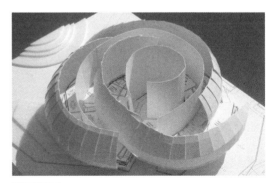

拓展模型 1

该模型研究了曲面墙的实现方法, 并对其进行了改进, 形成多面元素。

结构框架

在三维图的层面上探讨了结构框架承载多面墙系统的能力。

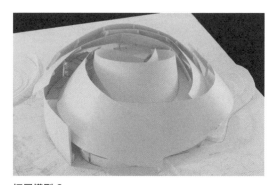

拓展模型 2

这组墙的关系初步确立，并在每面墙体上进行更大比例和细化的工作。

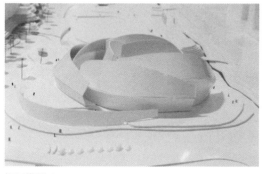

拓展模型 4

墙的形状经过进一步改进，变得更接近最终的结果。

框架结构和墙体

将框架连接到墙体结构上，以了解两者如何共同作用。墙体被分解为多个独立的垂直条以解决曲率变化的问题。

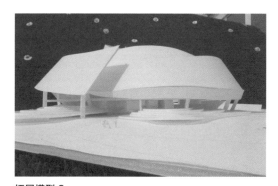

拓展模型 3

当建筑物被放在场地中时，墙体开始与地面形成特定的关系。

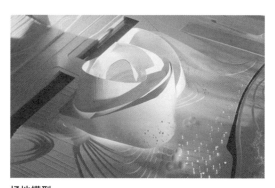

场地模型

建筑物和场地环境是一起设计的。随着设计已经接近完成，项目开始着眼于灯光和建筑表皮的问题。

大尺度的研究模型

制作了一个更大的模型来详细处理内部组件、结构框架和表皮的构成。

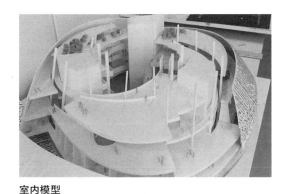

室内模型

制作了一个没有外部框架和完整表皮的大型模型来研究项目的内部空间。

内部空间

同时创建一个数字模型，以清楚地了解内部空间，并开始参数化建模。

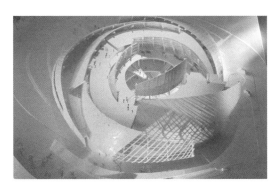

拓展：大型模型

大型模型为设计表皮框架提供了基础。通过将支撑构件放置在斜线上，无需弯曲结构支撑物，曲率就能够跟随框架变动。

表皮建模

模型表皮的大金属面板使用精细的开口样式进行建模，通过三维渲染可以深化对表面纹理的理解。

表皮实体模型

在公司办公室里组装了一个全尺寸的外部表皮模型，以便了解复合板与其底层框架的连接细节。

第五章

快速成型技术
使用数字信息生成物理模型

在过去，数字建模程序和物理模型的使用是沿着不同的路径发展的。现在，快速成型（rapid prototyping，RP）模型制作可以轻松地将三维信息转换为模拟模型。接下来的演示将通过从学术课程中提取出的示例来探讨建模程序和快速成型模型制作流程。

计算机建模示意图

计算机建模

建模程序

使用任何设计工具的最终目的都是以一种高效的方式向设计者提供有价值的信息。尽管已经有案例证明了制作实体模型的优点，但基于快速成型技术的计算机建模除提供有价值的信息外，还有助于独特设计方向发现，因此我们应对其优势部分进行深入研究。

在过去 15 年间，计算机建模的速度和完善度都有了迅速的发展，但是计算机建模能否与实体模型的直观特性相媲美的争论仍然存在。此外，由于大多数软件使用的是推拉逻辑，因此必须使用 x、y、z 坐标点来创建对角线和曲面。输入坐标与直接调节纸板的角度比起来，可能会非常麻烦。这种局限性可以通过迭代更为简单的形式来弥补。除此以外，计算机固有的常见操作，比如复制、扭曲和覆盖，可以变成研究发现的有力工具。

数字建模的明显优势在于它能够在模型开发后得到快速成型的信息、渲染模型以及能够在完成模型设计之后生成建筑文档。

要通过数字模型制作快速成型模型，除了建模软件之外，还需要使用一系列其他不同的软件。如果要用三维模型制作出成果图纸，则需要使用图形处理软件。要渲染模型，则要用到渲染软件或者"渲染引擎"。

许多广泛使用的程序都附带二维图形软件、三维建模软件和脚本功能。然而，今天人们对这些预先打包好的程序的看法和使用发生了根本上的转变。现在，将基本程序与来自其他公司的插件结合使用的情况越来越普遍。在过去，兼容性问题不鼓励这种类型的自定义界面，但是这些问题现在已经被解决了，程序之间的跳转已经不是障碍了。

任何仍在构思中的建模程序都应该使用所谓的实体建模。这就意味着由它产生的结构不是"线性框架"，而是一个实心的实体结构；并且当它被切割或者处理时，表现出来的是实体的表面。通过模拟物理模型的方式，实体建模使得计算机生成的模型在处理时更加直观。

建模程序通过创立多边形或使用 NURBS（non-uniform rationd B-splines，非均匀理性 B 样条线）的方法形成曲面。建立多边形的工作原理是通过定义 3 个点来定义平面，并把它们连接起来以定义形状。结果是有棱角的、不太柔韧的，因为拉伸、弯曲和折叠会改变物体的平滑度。克服这种问题的唯一途径就是增加平面的数量，这反倒增加了数据处理的负担并减慢了处理速度。多边形方法是定义面最简单的方式，并且由于建筑物传统上都是由平面构成的，因此大部分建筑软件采用这种方法。

另一方面，NURBS 方法使用曲线（样条曲线）方程来定义曲面，这样物体就可以在没有任何几何细节损失的情况下被放大。NURBS 是十分平顺的，就像虚拟的面团，十分便于拉伸和折叠操作。像 Rhinoceros（犀牛）这样的程序和 Maya（玛雅）这样的动画程序都支持 NURBS。

兼容性

在购买软件时，应该考虑不同的软件包之间互相兼容的问题。虽然许多公司声称他们的产品能够与其他软件兼容，但过去在该领域仍存在许多问题。由于这个原因，许多设计者更愿意使用带有所有图形组件（建模、二维图形以及渲染应用程序）的单一来源的软件。然而，有些程序在某一应用领域比其他程序更为强大，并且随着今天软件间兼容性的提高，它们可以成功地集成到其他软件中。虽然这些程序的操作超出了本书的范围，本书还是在接下来的部分介绍一些流行软件的信息。它们大多数可以在 PC（Windows）和 Macintosh 平台上运行，并且它们都采用了实体建模。

关于软件用途的讨论，参见第六章。

软件指南

在过去的十几年中，数字建模程序获得了广泛应用。尽管 3D Studio Max 和 TriForma 由于进入领域时间早而被广泛使用，但 Rhinoceros 和 Maya 之类的程序也已经得到越来越多人的青睐。虽然 Form Z 仍然可用，但它的受欢迎程度似乎有所下降。此外，还有许多不知名的程序被使用，但它们大多数在操作上是相似的，并且对数字建模领域的新贡献很少。然而，

一个名字为 SketchUp 的小型软件，由于其独特的建模方法而闻名。

3D Studio Max

公司：Autodesk（AutoCAD 软件的开发公司）

这被认为是一个成熟的软件，具有很好的渲染功能。它稍微复杂一点，但学会以后的操作十分简单。专业实践表明 3D Studia Max 软件可以和 AutoCAD 相结合使用，而且这是在建模与正交绘图之间最方便的工作方法。

TriForma

公司：Bentley（MicroStation 软件的开发商）

TriForma 相关性能和 3D Studio Max 的一样，TriForma 是一个强大的成熟程序，而且对那些使用 MicroStation 的人来说，它提供了一种无缝的程序应用。

Rhinoceros

公司：RSI 3D 系统与软件

众所周知 Rhinoceros 是一个真正以曲线为基础的程序，支持 NURBS。它是作为一个工程程序开发的，其操作命令非常复杂且直观。Rhinoceros 与其他程序非常兼容，可以在其中打开任何文件，再加上其命令工具直观，因此越来越受欢迎。

Maya

公司：Autodesk

与 Rhinoceros 一样，Maya 是另一个支持 NURBS 的真正基于曲线的程序。它是为模拟人类行为动画而开发的，可以结合风和重力的特性参数，使物体以像在现实空间中一样的状态展现。而且，许多人在这个不是由建筑师和工程师设计的程序中可以发现新的视角。该程序的局限性之一是很难读取外来文件。

SketchUp

公司: Google SketchUp（谷歌草图大师）

这个程序的应用虽然有上限，但十分有趣的是，它能把设计者与凭直觉得到的铅笔草图联系起来，该程序最主要的特色就是推断设计动作。就是说，当鼠标沿一个特定的方向移动时，相应的形体就被赋予了一定的高度或宽度，这种工作方式与 MicroStation 和 AutoCAD 类似，不需要输入坐标。这个过程接近于实际的手绘，但受到项目假设的限制，即所有的形式都是正交的体量。想要违背这种程序限制是很难的，并且会破坏程序的可用性。

Form Z

公司: Autodyssys

这个程序很容易学习，相对直观，而且购买成本不高。该程序主要使用多边形建模形式，但后来的版本支持某些 NURBS 功能。它的渲染能力不是很完善，所以那些希望充分利用这种模式的人对它的评价不高。

Autodesk Revit（关联建筑物信息建模）

公司: Autodesk

Revit 是由 Autodesk 公司开发的程序，已在建筑（工程）领域以及建筑行业受到广泛认可。它本质上是一个三维（3D）建模程序，使用参数化集成组件和系统。可以选择和修改系统标准，更改建筑物尺寸的同时，墙系统等组件也随之更改。这便于承包商即时进行施工和数量清算，还能为业主提供好的信息。不过，Revit 也有一定的局限，实际细节通常需要在其他程序中完成（如 AutoCAD），而且它提供的库存目录中没有特殊系统。相比其固有的设计局限性，这只是一个小问题，因为该程序假定所有项目都建在离散的楼层中，并且没有将建筑体量视为一个连续的空间。与 SketchUp 一样，模型建立在正交假设的基础之上，不可避免地违背了程序的自然原则。

Vectorworks

公司 : Nemetschek North America

Vectorworks 被 看 作 是 AutoCAD 的 Apple（Macintosh）的副本，但它不限于此，因为它拥有 3D 建模和渲染功能，并采用了与 Form Z 类似的渲染引擎。

逼近算法

算法本质上是一个程序，一个通过逐步建立程序代码来生成一种行为类型的过程。当将其应用于建筑制图和建模时，这种相互关联的特性，可以采用两种不同但相关的路径，即生成过程和参数化路径。

生成过程

生成过程是对传统制作方法的一种扩展，其中脚本函数（本质上是编程代码）用于建立一组规则，一旦启动，就能够生成复杂的形式。代码使用嵌入在建模程序中的工具（如移动、缩放、旋转等）来定义一组序列，这些序列随后作用于给定的形状或平面。这些结果是由脚本代码所遵循的内部逻辑产生的。这个过程往往使得设计思想与主观审美评价脱节。

参数化

参数化建模或关联建模，是指将建筑或设计中与材料或构件系统相关的所有信息合并在单个模型中并彼此关联的过程。因此，更改某个组件或某个方面，将自动调整所有其他受影响的组件。这方面的一个很好的例子就是如何处理模型的变化，例如降低墙体高度或将建筑尺寸减小 1 英尺（30.5 厘米）。在这种情况下，模型的参数化属性会自动修改建筑物受到影响

的各个参数。另一个示例将在使用各种形状的石材面板建造的具有复杂曲线的建筑立面上呈现。面板上的每块石头虽相似，但尺寸或形状并不相同，随着面板的变化，数字模型会自动调整接收框架、节点以及面板的尺寸。

插件

插件本质上是小型应用程序，在许多情况下被用于渲染和脚本编写。如前所述，随着建模程序组合方式的转变，插件被越来越多的用于扩展程序。

插件的简短列表包括以下内容（公司及网站信息见"附录"）：

Rhinoceros 渲染

Rhinoceros 渲染是 Rhinoceros 出售的一个渲染引擎，可以与其他程序一起使用。

Brazil

这是一个用于 Rhinoceros 和其他程序的渲染引擎。

V-Ray

V-Ray 是一个可用于所有程序的渲染程序。

MEL

MEL（Maya 嵌入式语言）是用于 Maya 的脚本程序插件。

Generative Components GC

这是一个来自 Bentley 的脚本程序。

Grasshopper

Grasshopper 是一种简化的图形界面，开发它的目的是让设计人员在不了解编写脚本所需的任何实际底层程序代码的情况下以可视化方式来构建脚本代码。

Flamingo

这是 Rhinoceros 的光线追踪程序。

Penguin

这是一个非常有用的非照片级渲染程序。

输出复杂的几何形状

建模程序的一个非常实用的点就是能够生成和控制复杂的曲线实体。虽然使用传统方法为这些形式创建实体模型需要花费大量的时间，但可以使用各种技术将 3D 数字模型转换为形式复杂的组合形式。

放样

放样是从造船中衍生出来的术语，是指将一系列剖面以固定的间隔布置，然后用线（或船体的木板）将剖面连接的一种形式。由于这些通常是复杂曲线，故也被称为复合曲线。因此，试图绘制复杂曲线的绘图程序在描述形状时采用了类似于放样船体的逻辑。放样可用于创建物理模型，方法是以规则的间隔切割模型形成截面，然后以 90° 的角度切割初始截面。所得的组件可以用手工或激光切割，并组装成任何形式。

叠加剖面

与放样相关的最直接的输出方法之一是采用叠加剖面。放样和叠加剖面之间的主要区别在于，叠加剖面的各部分彼此直接相连，而它们之间没有任何间距，这样可以形成坚固的表面。虽然叠加剖面要花费更多的时间，但可以形成更近似的形状。为了创建堆叠模型的组件，数字模型必须被分割成一系列与用于装配的材料厚度相匹配的剖面，将这些层或剖面按比例打印出来，然后用激光切割产生一组可以堆叠以复制原有形态的剖面图。

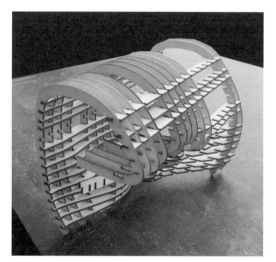

放样模型

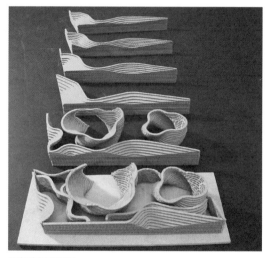

叠加剖面模型

展开

展开,在某些程序中也称为"展开操作",可以将任何形态分解成平面组件。这些平面组件可以被打印出来,并在接缝处连接以重现模型形态。

在程序中绘制的组件是真实、平滑的三维曲面,曲面有两个方向,分别称为 U 和 V(基本上是垂直和水平方向)。为了展开它们,将一个方向或另一个方向上的曲线缩小到一定的程度,从而在每个部分之间形成一个无穷小的平面或明显的接缝,方向的选择通常基于哪个方向最接近原始曲面的性质。

模型形式

从线框线的路径可以看出,模型在每个方向上都非常平滑。

展开

在 U 和 V 方向上的展开操作如上图所示。在 U 方向,数字模型的复杂形式被分解成一系列绕着该模型的条带,可以在每个条带的相交处看到硬弯。

在 V 方向,这些条带被视为围绕模板的一组垂直带。平滑的垂直曲线被分割成接缝,因此,当你移动它时,形状就不再平滑了。

压扁(粉碎)

压扁 / 粉碎是与展开操作相关的概念,但相反的是,它会将形式扁平化以创建二维图案。在此过程中,它假定使用的材料具有一定的弹性,并估算此过程中损失的表面积。部分执行此操作的参数是定义所使用材料的弹性程度,然后在程序中通过自动设置比例来补偿损失的部分。

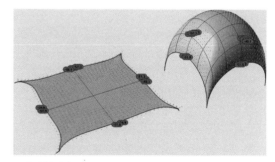

压扁(粉碎)

在上图中,数字模型的穹顶形状(代表某种受压力的表皮)被压平,形成一个二维表面。表面必须从程序所假定的弹性材料上切割,以恢复其适当的物理形态。

数字化

在输出建模信息的逆向操作中，有时会出现需要将经过模拟处理的模型转换为数字模型的情况。在最基本的层次上，可以通过测量并输入一系列点的 x、y、z 坐标，将其链接到绘图程序中来实现。由于手工处理很麻烦，因此现在使用数字化机器的情况更为普遍，数字化机器手臂上有一个指针，该指针记录空间中的 x、y、z 坐标。精确平移的关键是在所有拐点处分割模型，这些点的间距相等且足够紧密，使它们之间能够平滑连接。在放样过程中，由于光滑曲线上缺乏拐点，所以需要像在放样过程中那样，定期对曲线按一定的间隔进行分割。数字化仪器可以是大尺寸的，然后围绕模型滚动，或者是经济型台式模型，完全能够测量许多模型的尺寸。

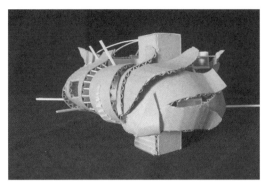

实体模型
首先建立实体模型，然后逐点进行测量以构建数字模型的坐标系。

数字化仪器

数字模型
该数字模型是使用来自左侧模型的 x、y、z 点度量构建的。

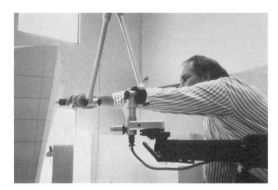

数字转换器手臂
左图显示了一个用于小型模型输入的小型数字化仪器臂。上图中，弗兰克·盖里正在使用数字化仪器臂工作。数字转换器臂架可以围绕模型移动，并且内置了零参考点。

快速成型技术

快速成型模型

在过去的 15 年中，实体模型与数字建模之间已经建立起了一座桥梁，称为"快速成型技术"。运用快成型技术，实体模型能够直接通过三维计算机模型制作获得。虽然数字建模的使用已经越来越广泛，但是实体模型提供的直观理解对于许多设计人员来说仍很重要。为了填补这一空白，建筑设计公司采用了最初为工业原型开发而使用的快速成型模型。在过去的 5 年中，直接用数字信息生成的实体模型已经广泛存在。许多设计程序都使用某种类型的快速成型设备，并且许多设计公司拥有自己的设备或定期制作模型。

快速成型建模注意事项

整合

在一个案例中运用快速成型技术的主要原因是已经利用建模软件完成了设计工作。如果没有这个由数字建模而开发的数据库，那么这个过程比制作纸质的工作模型要慢得多。

速度

假定数字信息可用，快速样品设计模型能自动被制作出来，而且不消耗设计者许多时间。小型模型大约需要 12 小时，并且通常是在设计过程中的间隙来制作的。

复杂性

快速成型技术建模的任务之一就是制作复杂的曲线体，这种结构形式可以采用像黏土一样的可塑性材料获得，但是转换为测量系统时会遇到麻烦。

流程

快速成型模型能在任何阶段制作，但典型工作方式是运用计算机制作一个组合模型，接着输出实体模型，然后返回到计算机转换成建筑语言，然后再次输出模型。在项目不断深化的过程中，也许需要回到纸质模型来研究大比例项目，但由于时间和成本，有可能只制作有限的研究模型。然而，因为存在潜在的效率，完成后的设计模型很容易调整。

成本

以前，成本一直是快速成型模型的一个重要问题，通常，需要将信息发送给拥有快速成型设备的公司。与一个员工一天或两天的成本相比，是一笔相对较少的开销。与花 1 小时制作一个纸制模型相比，那相对贵一些。如果需要制作多个快速样品设计研究模型，那么成本就会陡增，解决办法似乎是需要拥有一台快速样品设计设备。目前最常见的就是 Z 公司（Z Corporation，以下简称"Z 公司"）制造的粉末打印机。与其他大型设备相比，粉末打印机的价格多年来一直在下降，但是其他竞争者也正在进入市场。预计这种趋势将持续下去，直到这些设备真正成为每个工作室都负担得起的为止。在这一点上，激光切割机更便宜，而且在工作室中很常见。

修正

尽管有可能以某种方式修改或编辑快速成型模型，但它们本身并不适合这种类型的直接研究。每一个模型都独立存在，必须在计算机上调整模型，这是与纸质模型的最大不同。

混合模型

由于快速成型设备能制作一些很难手工制作的构件，因此许多模型是由手工制作组件和快速成型组件部分共同构成的。

完成

计算机控制的模型构建是一个精确的过程，然而由于某些工艺因素，工具留下的痕迹令模型的外观显得粗糙。对于研究模型来说，这不是问题。但在需要干净整洁的表面时，必须对模型进行抛光工作，打磨、修剪凸起、填充和上漆是常见的修饰工作。

建模过程的类型

根据基本设备的不同，在制作快速成型模型的过程中有许多不同的过程。对每一个过程的完整解释会使读者有些迷惑，然而这里有两个基本的方法——添加和削减。

添加

添加过程通过制作非常薄的层或小部件来构建模型。这种添加可以通过熔融沉积成型（FMD）、粉末连接胶（粉末 3D 打印机）、滴胶（3D 塑料打印机），或利用可以硬化液体的化学反应（立体光刻）。随着所能制作的模型尺寸的增大，附加的设备也更加昂贵。为了消除这部分的限制，模型可以分为几个部分制作完成。

每一个过程都有特殊的优势和成本基础，然而，建筑师和其他视觉设计师最常使用的 3D 打印机是立体光刻（STL）、粉末 3D 打印机以及最近的 3D 塑料打印机。

削减

削减设备通过切割或碾磨局部去掉材料，除计算机数控（CNC）铣刨机床外，很少有工序使用这种方法。

文件转换

为了将建模程序转换为快速样品模型，文件必须被转换成 STL 文件。绘图软件比如 3D Studio Max 能够用内部命令将图形转换成 STL 文件。其他的软件可能需要独立的程序来实现转换。STL 文件使所有结构转换为三角形小平面，并将其划分成若干块以指导层的堆积和切割。

3D 打印机

粉末 3D 打印机

　　粉末打印机使用一桶粉末和一个喷墨打印头将胶水或黏合剂以薄层形式喷在粉末上。一个部件喷洒过之后就会固化，同时模床下降使另一个部件能被添加上。模型并不需要细杆来支撑添加的部分，因为松散的粉末支撑着硬化的零件。完成过程中，设备对模型送风，将模型吹干净，没有使用的粉末被重新回收到桶中。多年来，粉末的类型一直在发展，最近的配方改进了模型的平滑度，同时密封器也可以进一步使模型平滑和强化模型。

塑料 3D 打印机

　　这种打印机的工作方式与粉末 3D 打印机、激光切割机相似，但它使用塑料作为介质。3D 塑料打印机的精度合理，但之后需要对模型的辅助材料进行清理。

Z 公司生产的 310 粉末 3D 打印机
这台机器有一个容积为 8 立方英寸（131.1 立方厘米）的机床，如果是大型模型，则必须通过分块制作并组合在一起。根据模型尺寸的大小一般需要 4 ~ 12 小时完成制作。

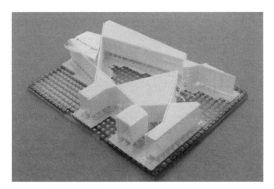

V-Flash 模型打印
在没有喷墨支撑零件的情况下，零件由塑料杆悬挂，在模型制作完成后，这些部分必须被切除。

V-Flash FI 2303D 塑料打印机
这台机器的床身容量为 8 英寸（20.32 厘米），打印时间与 310 粉末打印机相似。打印机右边的机器用于打印完成后对模型进行清洗和固化。

立体光刻

　　立体光刻与粉末打印机类似，立体光刻使用激光在液体中追踪模型的一部分。当被光线照射时，被追踪的区域会变硬，然后模床会下降到液体桶中，指导下一个截面的深度。

3D 打印案例

下面的页面展示了一些非常适合快速成型建模的模型类型和研究方法。

转换为 STL 文件

此页面上显示了准备转换为 STL 文件的原始计算机模型，以及打印出来的模型。

数字模型
数字模型可以转换成 STL 文件，然后打印出来。

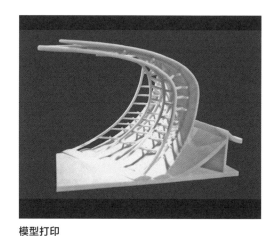

模型打印
数字模型再次被打印出来。实体模型拥有数字模型的细节，并具有改进后的结构支撑体系。制作变体是快速成型模型的优势之一。

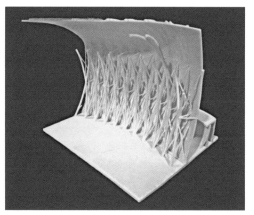

模型打印
快速成型模型已使用计算机模型进行打印，并显示了最初的设计框架。

3D 打印机

使用快速成型模型可以相对轻松地探索许多变体。在制定设计方向时，这是一个很大的帮助，因为查看替代设计的机会仅占用很少的实际制作时间。这一优势意味着，可以相对容易地对数字计算机模型进行简单的调整。唯一的缺点是，每个模型需要花费几个小时才能被打印出来。

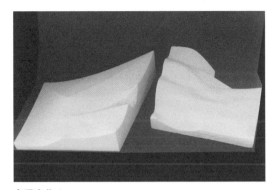

多重变化 1

在通常难以建模和阻碍探索的复杂有机形式上，可以很容易地探索多重变化。

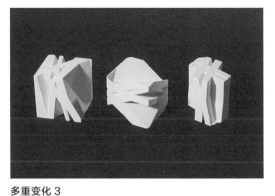

多重变化 3

在 3 个不同的结构中研究了基本设计思想的变化。

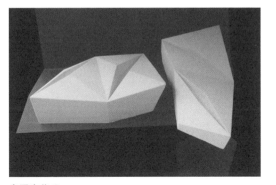

多重变化 2

在基本相同的设计组织中，可以看到细微的差异。

多重变化 4

对任何可能的形式都可以很容易地进行多次研究。

组合

组合模型是模型最基本的形式，然而，手工制作复杂曲线的组合模型并不容易。这种类型的模型非常适合使用快速成型 3D 打印机。

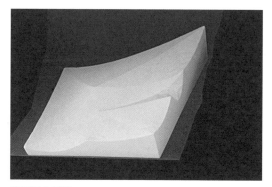

曲面组合模型
聚集起伏表面轮廓的模型非常适合使用快速成型打印机。

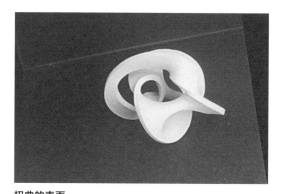

扭曲的表面
这不是严格意义上的组合模型，但这种抽象的交织形式显示了粉末 3D 打印机的能力。

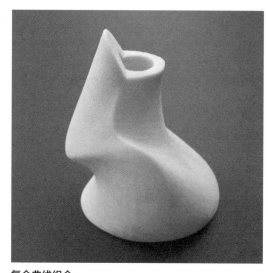

复合曲线组合
粉末 3D 打印机可以轻松打印三维流动形状。

精细的结构

中空弯曲结构和用精确线条描述的包络结构是一种自然延伸,这种模型适合用快速成型打印机。

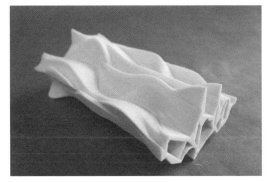

中空结构

这种快速成型粉末打印模型的流动形态,展示了该机器创建壳状中空结构和解决内部空间问题的能力。

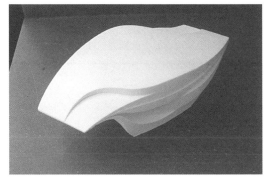

组合模型的细节

尽管这种形态本质上是一种组合模型,没有展现任何内部空间,但它在模型表皮上对项目进行了细节表达。

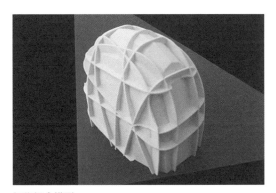

细化组合模型

另一个具有表面细节的组合模型来自粉末 3D 打印机,它的表面上有一层肋片,如果用手工制作会困难得多。

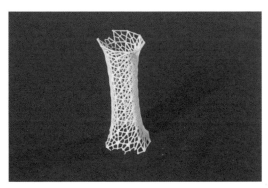

精巧的细节

表面的细丝使这个模型看起来像一个开放的圆柱。但是,可以将其视为由精细的结构网构成的单一实体,而这种尺度的结构只有 3D 打印机才能做到。

项目拓展

打印的模型可以像传统模型一样用于研究设计发展。图中所示的模型显示了数字模型开发中的大致关系和后续改进。

第一阶段组合模型 1

在此模型中以及右图所示的图像中，可以看到从一般到特殊的发展过程。这个模型反映出方案在体量转换上的姿态变化。

第二阶段拓展模型 1

在这个模型中，之前的迭代以一种探索项目表层和结构的方式被表达出来。

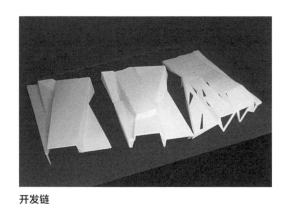

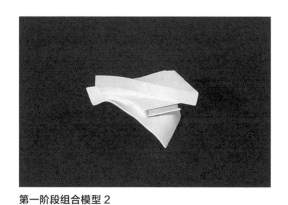

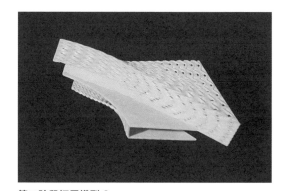

开发链

在以上 3 个模型中，可以看到从第一次迭代到对开口和结构研究的过程。

第一阶段组合模型 2

在此模型中以及在右图所示的图像中，可以看到从一般到特殊的模型生成过程。该模型研究了这个两层建筑的层间关系。

第二阶段拓展模型 2

在此阶段，模型表达了表皮的肌理。粉末 3D 打印机可以轻松地表达出精细的模型表皮图案。

表皮（覆层）

许多研究着眼于建筑物表面处理的备选方案，这些研究探讨了各种策略，如打断、覆盖和扭转所固有的线条和结构。

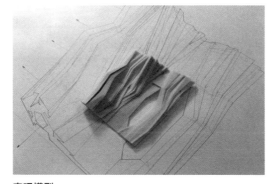

表观模型

在模型下面有一份用计算机绘制的外观图纸。折叠空间是用来操控外观形态的流动特性。

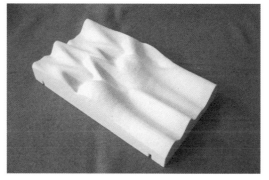

起伏形态

在 3D 打印模型中建立的一个规则的表面图案。

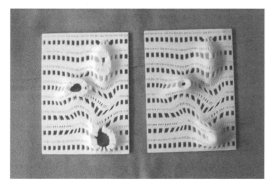

图案扭曲

具有规则图案的模型与其他体块相交，使其表面受到干扰而变形。

扭曲雕塑

表面在计算机程序中被裁剪扭曲并作为 3D 模型输出。

表面保护层图案

构成要素被覆盖并穿孔，用于研究建筑立面。

构建完整建筑模型

　　从建筑学的角度来看，可以充分利用 3D 打印机输出整个建筑物或建筑物剖面。这充分利用了打印机的全部功能，可以轻松实现复杂的建筑形式和细节。

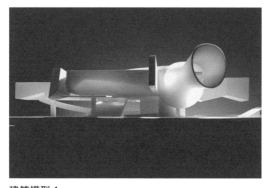

建筑模型 1
曲面和平面的组合结构可通过粉末 3D 打印机进行无缝建模。

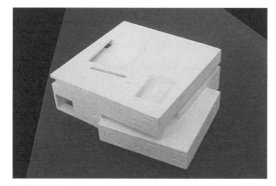

建筑模型 3
建筑模型表皮可以在一定程度上反映出方案设计的细节，而通过手工很难做到这一点。

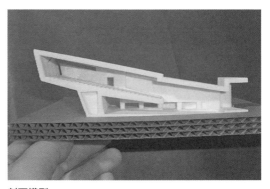

剖面模型
只需用数字模型生成截面，3D 打印机就可以快速构建小而精确的建筑剖面模型。

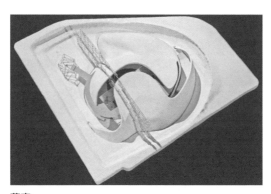

薄壳
一个薄的雕塑外壳虽然可以通过传统的石膏方法实现，但使用粉末打印机则要容易得多。

建筑模型 2
该建筑物的复杂曲面通过数字模型自动精确地转换出来，而且成品表面已被密封并上漆。

激光切割

虽然快速成型模型已经发展成为一个完整的建模系统,但计算机制导的激光切割机在组件的生产中仍占有一席之地。激光切割机的工作原理是用激光束追踪平面材料的线条,激光束能产生足够的热量来切割材料。激光束由二维的 CAD 图纸进行引导。激光切割机通常被用于切割片状产品,如苯乙烯或卡纸,以便制作一套用于手工组装的部件。然而,不是必须将光束设置为完全烧穿材料。激光切割机还可用于在塑料上蚀刻竖框图案,从而创建高度详细的玻璃系统,有助于模型的构建。

大多数模型零件在放样和展开等过程中都依赖于激光切割机切割出的零件,当然,也可以手工来切割零件。

没有一定的指导方向,就无法进行零件的切割。也就是说,构件的制作方式应该能够反映出对建筑物或构件的正确理解。

激光切割机
模型零件可以从建模程序中输入激光切割机,然后将其分为几个不连续的部分以切割硬纸板、有机玻璃或木材。

激光立面切割
可以用激光切割建筑立面和平面,然后手工组装。在切割前,CAD 平面图必须根据使用的建模材料的厚度进行缩减,否则平面线将切穿每一层的立面。

堆叠的激光切割模型部件
部件可以根据材料的厚度进行切割和堆叠,以形成坚固、连续的表面。

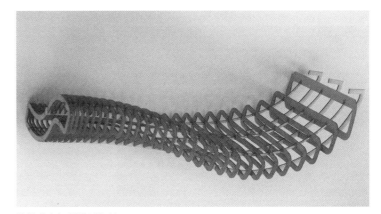

放样激光切割模型部件
可以将零件切割为以一定间隔隔开的部分,并用从横截面上切下的零件连接起来。在数字模型的零件上创建凹槽以方便装配,组装工作具有一定的挑战性。

刨花板灯大样

激光切割出零件，手工组装。

构建布尔运算

通过布尔运算创建的减法和加法形式组装激光切割模型零件。

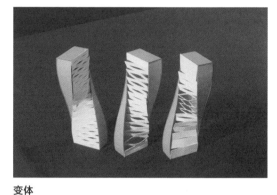

变体

这个扭曲体块的立面设计有 3 种不同的处理方式，使用激光切割并将其组装在扭曲的框架中。

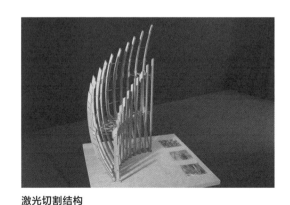

激光切割结构

结构部件通过激光精细切割，并组装起来，用以构建模型的系统结构。

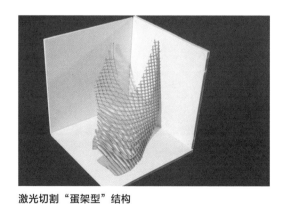

激光切割"蛋架型"结构

在两个方向上以相等的间隔得到截面并进行组装，用以测试组装部件和 3D 打印（如右图所示）建模的结果。

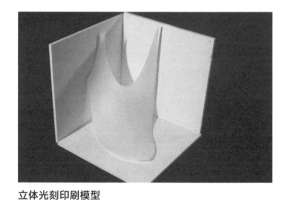

立体光刻印刷模型

可以将打印模型的光滑表面与左图的"蛋架型"激光切割版本的表面进行比较。

数控铣刨机
——计算机数控切割

数控（CNC）铣刨机本质上是一种由计算机控制的高级铣刨机，它可以精确切割较重的材料（如胶合板），或者利用减法思维雕刻出各种形状。与其他的 RP 设备一样，数控铣刨机也由 CAD 图纸控制并根据要切割的零件类型使用 2D 或 3D 图纸。通常使用数控铣刨机切割更大的模型，在某些情况下也可以使用数控铣刨机制作出完整的细节和建筑组件。

虽然切出平面规划对象的过程相当容易理解（钻头沿计算机线并在钻头的侧面进行切割），但将材料切割成 3D 形状就有点难以概念化了。

为了理解这个过程，首先要想象出一个旋转的钻头。如果钻头在接触到材料（在建筑模型中通常是泡沫）后向侧面移动，则可以在表面切割出一条线。通过稍微上下移动钻头，并多次走刀就可以切割出任何轮廓了。

水射流切割机是数控加工的一种变体，可用于切割各种相对较厚的金属零件。

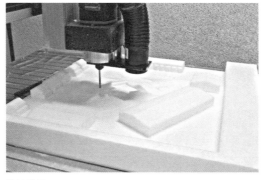

数控铣头

数控铣刨机的钻头可一次切掉物料，在每次走刀时根据需要缓慢地升高和降低钻头。

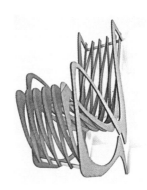

数控切割家具

该椅子的部件已被数控铣刨机切割成扁平胶合板零件。

数控铣刨机床

用于中型项目的数控切割机使用安装在大型切割床上方活动臂的铣头进行切割，机械臂和刀头的移动由计算机控制。

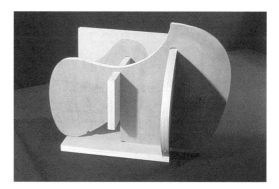

CNC 模型

模型零件是从 0.75 英寸（1.91 厘米）的胶合板上切割下来的。可以把零件一次切开，根据设备的性能，有时需要多次切割才能穿透材料。

五轴数控铣刨机床

为了切割出模型而不仅仅是表面形状，钻头需要能够从所有侧面（5个不同的轴）接近材料。为此，将钻头安装在旋转臂上，并自动旋转工作床以进入底面。

数控铣刨机加工

切削工具的选择将决定模型的外观，经过小径钻头多次磨削会产生光滑的表面，而大钻头会消耗大量的材料，完成粗糙的加工。很多时候，先使用大钻头加快工作速度，然后使用小钻头来完成模型，其中也会受到钻头路径的影响。所有的这些精加工考虑都是设计选择，每当使用 CNC 模型时都应进行规划。

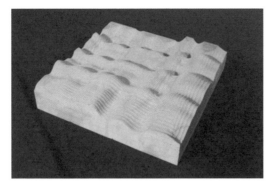

CNC 场地模型 1
这个模型是用小尺寸的木材切割而成的，在材料上留下了明确的图案，并且切割模式也已设置为围绕模型。

CNC 场地模型 3
该模型的工具模式已被设定好，产生了两个结果：光滑的表面和确定的图案凹槽。其中凹槽是由较大的钻头磨削的。

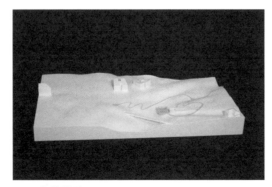

CNC 场地模型 2
这个模型是使用细钻头从泡沫中切割出的，有非常光滑的表面，几乎没有工具痕迹。

装配

可以对复杂的曲面或多面组件进行全尺寸平移以制作项目。通常将这些形状分解成小三角形单元,这些单元要足够小以适应整体形状在平面上的变化。下面这个项目展示了利用各种计算机控制设备将计算机生成的设计工作全面实施的过程。他们是为了解和利用快速成型设计模型的功能而进行的学术项目中的典型代表。

项目:凉亭

采用高度三角化结构进行数字化桥接设计,使用CNC 机床从木材中切割出部件。

凉亭抵达场地

整个亭子都是在车间预制的,然后运到场地,并放置在地基上。

凉亭竣工

完整的结构被安置在基点上,为人们提供了一个沉思的空间。

初步计算机模型

凉亭是在计算机中设计的,采用三角结构作为支撑,同时也适应亭子的形状。

计算机绘制凉亭

可以将初始数字模型的比例与实际建筑进行比较。

波浪模型安装

利用数字模型创建简单的波浪设计，并使用激光切割瓦楞纸板制作零件，然后组装组件形成自支撑结构。

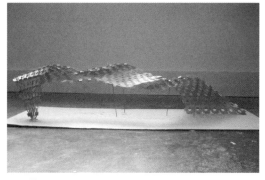

比例模型

输出计算机模型，用激光切割机预制组件，然后将组件连接成整体。

组件模型

切割出全尺寸零件进行组装测试。

波浪数字模型

制作一个简单的波形，然后将其分成各个组成部分，使结构曲线以递增的形式建模。

波形和连接处细节

扩展波浪模型来测试支撑结构。同时，对连接处的细节进行了开发和测试。

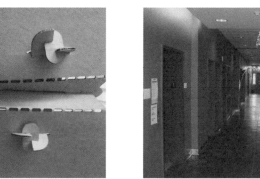

完成波浪模型安装

完成后的波浪模型穿过走廊。

第六章

数字化实践
在专业实践中结合数字模型和实体模型的信息

　　本章探讨了当前设计公司中的数字模型与实体模型的关系。讨论延伸到数字信息在设计过程中的作用和快速成型技术的使用,并举例说明工作过程中常见的数控铣刨机和三维打印技术。

墨菲西斯设计公司

——与建筑师本·达蒙（Ben Damon）的交谈

墨菲西斯设计公司一直采用绘图与实体模型相结合的方式进行设计。随着计算机模型的出现，他们想通过常规的手段查看能反映物理格局的虚拟空间。快速成型技术赋予了实现的可能，并且使这家公司成为首家实践并购买快速成型设备的公司之一。

墨菲西斯设计公司使用计算机和快速成型模型的方式可能是相关公司使用这种模型的样板。对墨菲西斯设计公司来说，计算机是加速研究的最佳途径，因此概念模型和组合模型是通过计算机来完成的。从这个阶段开始，设计人员就在快速成型模型与计算机模型中反复对比分析。每个快速成型模型都先在计算机中进行修改和研究，然后制作大型纸质模型来研究内部空间关系。

计算机在设计拓展阶段依旧十分重要。对计算机模型的所有修改都会在图纸中自动更新，并且保证很高的精确度。通常，那些没有快速成型设备的公司会通过发送文件并在设计中期制作模型。这种设备改变了传统方法并使实体模型与虚拟模型之间的对比分析十分方便。此外，这种雕刻机现在已经可以自如地控制和研究复杂的结构和曲线了，也能制作全尺寸的细部模型。

快速样品设备在墨菲西斯设计公司中通常用来改善结构中粗糙的外表，他们主要的考虑是从模型中学到一些东西，因此他们把所有的模型都视为研究模型。

当谈到许多人认为向数字信息的完全转变是无法避免时，达蒙先生强调说："实体模型永远不会消失，我们永远不可能完全转移。"在他的感觉中，当计算机实施空间移动时其过程与人们可感知的过程是不同的。对墨菲西斯设计公司来说，实体模型提供了一种计算机不能提供的感受空间的方式。同样，实体模型也是一种有效和准确地与客户沟通的工具。

墨菲西斯设计公司过去一直依赖 Form Z 完成计算机模型，现在已经转而使用 TriForma，以发挥微软平台无缝界面的优势。

伦斯勒理工学院的电子媒体和表演艺术赛场

📍 特洛伊, 纽约州, 美国

这个项目是体现快速成型技术的一个很好的例子。由于能将模型信息直接转移到粉末 3D 打印机，设计人员可以自由地研究结构形式，而这以前是不可能的（若不采用泥土或其他塑料工具）。该项目首先将程序设置在固定的配置中，然后在其周围覆盖外壳。起初将壳体结构形式作为出发点，然后通过布尔运算拉伸对壳体进行完善。打印机机床容积只有 8 立方英寸（131.1 立方厘米），因此模型由六七个独立的部分拼装组成。

伦斯勒理工学院的电子媒体和表演艺术赛场 1
该模型是为表演艺术大楼设计的系列模型之一，采用 Z 公司的 Form Z 和 310 粉末 3D 打印机开发。由于打印机机床容积的限制，因此它由若干块组件拼凑而成。

伦斯勒理工学院的电子媒体和表演艺术赛场 2
该建筑的剖面模型说明了能够输出不同横截面和比例研究的优势。一旦计算机模型确定，就能在很短的时间内或用很少的费用实现效果。

马克·斯考林和梅里尔·伊莱姆建筑事务所

马克·斯考林和梅里尔·伊莱姆建筑事务所有用实体模型来进行项目设计并加以深化的传统，有些能通过本章看到。和许多公司一样，他们的工作方式中也已经涵盖了计算机建模。更准确地说，他们的绝大部分项目是在两种工作方式中平行开发的。一种方式是用实体模型来开发项目，而另一种方式是用计算机建模进行交流和研究。这种模式使他们不至于过度依赖计算机模型来生成结构形式。计算机主要用来控制和做那些它最擅长的工作，如复杂的有机形态 形式，而实体模型则被广泛用于其他研究。大比例实体室内模型被认为是很有价值的理解空间的方式。

该公司将 Form Z、Rhinoceros 和 Auto CAD 作为主要的设计软件。快速成型技术在他们的模型制作中也发挥了作用，但与计算机建模相似，这一方法一般仅限于有机形态。这通常会导致结构混合——模型的大部分组件自己制作，特殊部件通过立体光刻制造。

以下示例来自两个项目，这两个项目说明了两种极端情况。儿童博物馆几乎完全采用快速成型方式建模。然而，采用传统的草图和实体模型来进行创造性和探索性的研究也很有启示意义。

相反，康涅狄格大学艺术中心大部分模型为手工制作，当然也有一些特别的剖面模型用快速成型的方式完成。

儿童博物馆

📍 匹兹堡, 宾夕法尼亚州, 美国

该项目采用多种方法来研究和深化设计。最初从一张草图开始，然后制作出一个泡沫模型以寻求图纸尺寸的建议，再制作出计算机模型用来对空间进行精确的定义。最后，输出一个立体光刻快速成型（RP STL）模型用来分析空间物理结构。

儿童博物馆手绘草图
这个项目的手绘草图是模棱两可的，然而与精确的计算机绘图相比更具有启发意义。

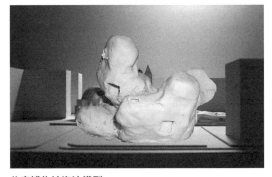

儿童博物馆泡沫模型
一个泡沫概念模型试图解释图纸所描述的空间。

儿童博物馆计算机模型

建立计算机模型来优化空间和调整设计。

康涅狄格大学艺术中心

⚲ 斯德尔, 康涅狄格州, 美国

这个项目使用的是一种混合方法, 立体光刻模型仅仅用于那些制作手工模型过于复杂的部件, 这些部件首先彼此相连组装在一起(以克服建模设备的尺寸限制), 然后与手工制作的整体建筑模型拼接。

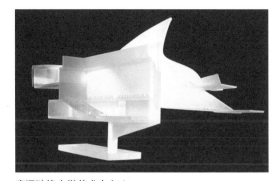

康涅狄格大学艺术中心 1

建筑物后部剖面的曲线部分使用快速样品建模技术制作为多个部分的集合, 并拼接到手工制作的部分上。

儿童博物馆立体光刻模型

借助计算机模型输出的立体光刻模型。

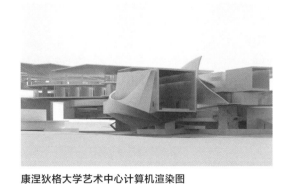

康涅狄格大学艺术中心计算机渲染图

计算机渲染图展现了使用快速成型技术创建的建筑物剖面。

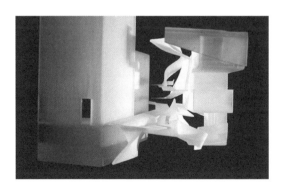

康涅狄格大学艺术中心 2

楼梯部件由若干个快速成型模型制成, 并结合到手工制作的模型中。

埃森曼建筑事务所

——与莱瑞莎·巴比（Larissa Babij）和彼得·埃森曼
（Peter Eiseman）的交谈

彼得·埃森曼的公司有很长的使用实体模型研究空间的历史。在过去 20 多年里，计算机在设计过程中发挥了重要的作用，但并没有取代实体模型。处理复杂空间和拓展概念上的可能性是计算机的最大优势。与此同时，实体模型在理解已创建的内容和大比例的研究中扮演着重要的角色。针对这些方法，埃森曼先生评价说："我之所以发展计算机模型，是因为它能做一些三维实体模型做不了的事情，但是实体建模能让你知道它们是什么样子的。要经常对比实体模型和计算机模型，我所有的空间修正都是在三维模型上进行的。运用计算机你能对模型进行随意处理，而借助三维模型，我能知道真正发生了什么，因为通过模拟能知道空间将会是什么样子。"

埃森曼先生的公司采用 Rhinoceros 和 3D Studio Max 设计了许多项目（使用 AutoCAD 进行平面绘图），选择取决于项目，但 Rhinoceros 似乎是最适用的。实体模型大部分是在办公室中制作的。计算机模型在很大程度上控制着设计过程和实际的建筑图纸。剖面通过在 Rhinoceros 计算机模型中截取，以理解建筑的建造方式。实体模型同样重要，它能让我们检查在计算机中所做的工作是否正确，并纠正诸如空间冲突之类的问题。

文化城

📍 圣地亚哥, 西班牙

这些年来，彼得·埃森曼通过将历史地图、城市网格和地形叠加在一起，发明了一种空间挖掘的工作方法。然后通过操纵这个合成图对空间进行解释。对文化城来说，首先就是运用 Rhinoceros 生成一个概念性的绘图模型。复杂的玻璃幕墙和拱腹构件贯穿整个项目。概念性计算机绘图被转化成大比例的细部模型，用于研究这些组成构件。模型的变化通过手工测量，并将其反映在计算机绘图中，这种方法在整个项目的深化过程中被反复使用。

文化城图书馆拱腹金属骨架绘图
用计算机绘制拱腹图形，并形成空间结构。

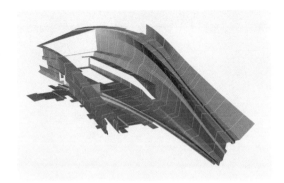

文化城图书馆拱腹的计算机渲染图
改进后的图纸在计算机上渲染出来。

文化城图书馆拱腹模型 2

文化城图书馆拱腹模型 1
计算机模型被转化为手工模型，以完善和理解空间特性。

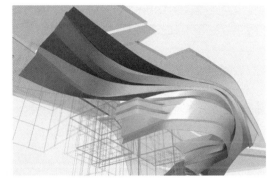

文化城音乐剧院的计算机渲染图
计算机绘图勾勒出剧院的内部空间。

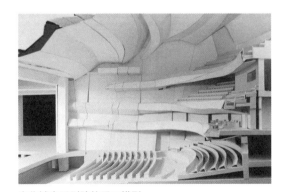

文化城音乐剧院的手工模型
计算机模型被转化为手工模型，以完善和理解空间特性。

盖里合伙人公司

弗兰克·盖里的公司代表了一种典型的两种设计方法并存的案例。该公司开发了这个行业内最成熟的数字系统之一，同时也坚持传统的实体建模方法。

在最近的一次演讲中，詹姆斯·格林夫（James Glymph，公司技术负责人）指出，尽管他们采用多种方法利用计算机建模进行设计深化，但最终证明计算机建模还是太慢了。计算机被视为附加物，非常擅长某些工作，如完善设计，但有些却不行，正如格林夫先生所说的"认为计算机建模会彻底取代实体模型和图纸是一个严重的错误"。计算机辅助三维交互应用（Computer-Aided Three-Dimensional Interactive Application，CATIA）是创建三维计算机模型的重要软件，这是波音飞机制造公司开发的一个航空航天项目。模型用交叉处和方格点处标出，这些点被数字化，以定义 x、y、z 三维坐标，然后将其导入 Rhinoceros 程序中被诠释为曲线。这个信息再反馈到计算机辅助三维交互应用中进一步优化，这样最终的计算机模型才算完成。通过参数化建模程序，可以将诸如不同的石材面板或支撑点之类的细节映射为"程序的精确插头"。可以在计算机模型中推拉这些图形以产生可以自动调整的组件。

计算机模型一旦完成，三维绘图模型就能直接转给制造商和承包商，这个过程使盖里能准确地控制生产和成本。

考虑到计算机绘制的图形很少考虑材料的实际性能，该公司开发了一个程序，用已定义的规则来模拟弯曲和折叠平面的行为。这些平面会展现出重力特性，并指示出何时会超出应力极限。

如后文的沃尔特·迪斯尼音乐中心项目所示，设计中广泛采用了实体模型，实体建模研究通常是十分密集的，每个项目会制作 30 ~ 40 个实体模型。计算机建模很少发挥作用。在有些后期阶段，实体模型可能会被数字化并输出为快速原型以供后续研究。

沃尔特·迪士尼音乐中心

♦ 洛杉矶市，加利福尼亚州，美国

这个模型是盖里公司项目设计中的一个经典模型。这个阶段很少涉及数字模型，必须说明的是，这里所示仅为至少 20 种不同模型阶段中的 5 种。

阶段 1
项目第一阶段是竞标的结果，空间被定义为塔庙和凉亭形式。

阶段 4

在进一步完善设计后，使用了一些组块来反映形式的空间关联。此时，此项目的设计中已经包含了一个塔楼。

阶段 15

在某些时候，采用流动的剧院幕布能表达建筑平面的外部表面。

沃尔特·迪斯尼音乐中心声学模型

音乐厅制作了一个大型模型（非常大），使顾问能够测试和判断声音效果。

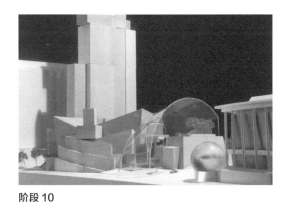

阶段 10

在这一阶段，主厅的空间形式已经确定下来了，并对周围的构件进行了测试。这里展示的是比赛场馆、圆顶与金字形神塔的痕迹。

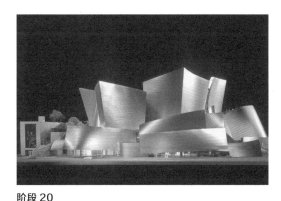

阶段 20

最终模型展示了对材料的重新思考和流动平面的最终形式。（注：塔楼已从项目中去除。）

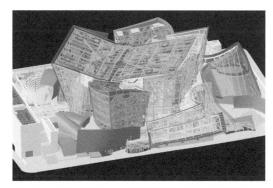

沃尔特·迪斯尼音乐中心计算机辅助三维交互应用模型

在输入和更新信息后，整个建筑物的计算机模型，包含结构和力学系统，都是用计算机辅助三维交互应用软件设计出来的。

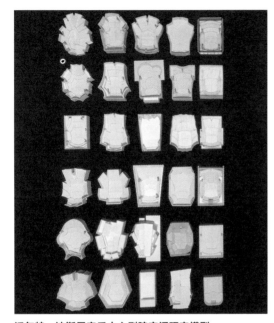

沃尔特·迪斯尼音乐中心剧院空间研究模型

这张图展示了为音乐厅制作的详尽的模型研究阵列,这些都是手工制作的模型,而且是典型的被应用于各个项目的严谨的三维模型。

沃尔特·迪斯尼音乐中心数字化 1

最终的大型模型正在标注中,为模型的数字化做准备。

沃尔特·迪斯尼音乐中心数字化 2

每一个关键点都被数字化仪记录下来,并移植到计算机辅助三维交互应用计算机模型中。

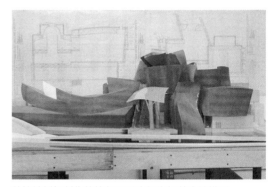

数控铣刨机制作的毕尔巴鄂古根海姆美术馆模型

在许多情况中,项目的流动形式被输出以形成一个大型的数控铣刨模型,就像图中那样。数控加工更适合于大的模型（注：参考第五章）。

巴塞罗那鱼

📍 巴塞罗那, 西班牙

巴塞罗那鱼（1992 年巴塞罗那奥运村建筑）为未来项目的设计提供了信息基础。

这个项目是完全通过手工实体模型开发的, 然后才被转化为数字信息。计算机制图可能会失真, 所以使用快速成型模型来确认其精度是十分必要的。

巴塞罗那鱼（实体模型）
鱼的实体模型在这一阶段已经被完全设计出来了。

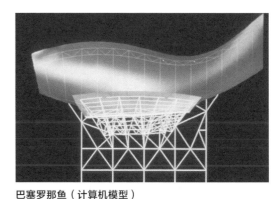

巴塞罗那鱼（计算机模型）
将模型数字化, 绘制计算机模型然后创建快速成型模型。

巴塞罗那鱼（建成）
建成的建筑蕴含着原始模型的构思, 并为未来的设计提供了一种信息基础。

格拉法罗建筑事务所

——与道格·格拉法罗（Doug Garofalo）的交谈

格拉法罗建筑事务所代表那些拥有熟练建模能力，而且追求超越欧几里得几何理念的一批设计者。不断发展的计算机建模程序和设计整合能力对他们的建筑创作方式产生了根本性的影响，不像本书中所谈论的其他建筑设计公司。格拉法罗先生的公司在设计阶段不采用任何实体模型，因为针对他们研究的连续空间，传统的建模方式要么有太多的限制，要么无法控制。

为了便于研究，他们使用 Maya 建模软件，该软件是为动漫产业研发的。该软件擅长建立复杂曲线并使用样条曲线来定义空间，而不是通过刻面或三角平面来构建曲面。格拉法罗先生发现这种方式操作起来更直观，并且允许对象像塑性体一样。Form Z 和其他的主流建模软件在这两方面有局限，它们不仅用三角形近似创造弯曲的空间，而且传统的建筑态度（通过挤压和欧几里得积木）指导了许多操作命令。相比之下，运用 Maya 能使你开启一个未曾发现的世界之门。

格拉法罗先生的作品都运用各种快速建模方法进行了处理，他发现计算机数控铣刨加工最适于制作较大的模型。

云朵项目

云朵项目模型的制作是关于未来怎样进行模型交付的很好阐释。本例中，所有的信息均来自计算机模型，并由计算机控制的设备制作。在洛杉矶 CTEK 公司可以看到一台大型的五轴数控铣刨机床。这家公司利用为许多汽车制造业开发的技术，制造了盖里合伙人公司参与的许多项目的模型。尽管计算机数控设备可以操作大比例尺的模型，但由于部件太大以至于不得不分成几个部分制作，然后再将其拼接到一起。

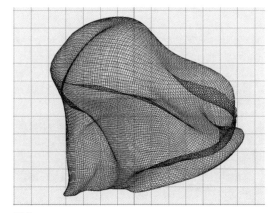

云 1

气象信息被用来制作一个云朵的三维数字模型。这个计算机模型直接被送到计算机数控铣刨加工设备进行模型切割。

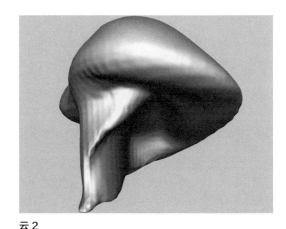

云 2

云朵项目在计算机中被精炼和渲染。

云 3

根据计算机模型,铣床钻头在泡沫块的表面进行多次移动,以切割材料。

云 5

每一个部件单元都用钢条加固,附件的边缘也被包裹起来。

云 7

组件的表面用钛金属覆盖。

云 4

粗糙切割的泡沫模型接下来被漆上一层像汽车填料之类的材料,重新切割打磨以完善表面,图片中可以看到机床臂和其结构。

云 6

组件从模具中取出,装配在一起,并通过打磨使组件能顺利地相互连接。

云 8

完成的云朵模型被挂在走廊的天花板上。

安东尼·派德克建筑事务所
——与建筑师彼得·阿瑞松（Peter Arathoon）的交谈

安东尼·派德克建筑事务所的做法代表了另外一类传统的运用模型研究项目的公司。项目通常从概要模型或黏土模型开始。这些模型与简单的概念模型有很大的不同，而是与设计有直接的联系，而且可以作为整个项目运作期间的指南。谈到这种模型，派德克先生解释说："当一个项目在形成或胚胎期时，图纸往往是简洁而直接的，类似于遗传密码或 DNA 的东西将成为建筑物的标记。这种初始预想的草图将产生三维黏土模型，这样的模型可能会很小，可以小到 3 英寸 ×5 英寸（7.62 厘米 ×12.7 厘米）；也可能非常大，就像阿加迪尔，有 5 英尺（1.52 米）长，3 英尺（0.91米）宽。当我用这些黏土模型时，我依旧在探索，但是我在朝一个最终成果努力。与纸面上的绘图相比，模型是真实的，它们代表建筑物，它们使剖面和平面更加合理。"

公司购买了 Z 公司制造的粉末 3D 打印机来强化他们的三维建模方法，用这套设备和 Form Z 程序，项目就可以用快速成型技术进行完善。

当然不是所有的项目都采用绘图和黏土模型开始，并且使用快速成型技术来完善和更新模型，也可以设想其他的情况，如，项目首先通过 Form Z 和快速成型制作来启动，然后再转到黏土模型，最后用 Form Z 完成执行。

和许多从传统模型起家并转向快速成型技术的公司一样，安东尼·派德克建筑事务所认为快速成型制作是一个与庞大群体沟通的辅助工具，而不是黏土模型的替代者。

Z 公司的快速成型打印机（Rp printer）的模型机床相对较小，只有 8 立方英寸（131.1 立方厘米）的容量。该公司制作的大部分快速成型模型都是小比例的。然而，大的剖面研究可以通过组装多个快速成型部件的方法来实现。同样的，快速成型部件与传统的木质和纸质模型结合使用。所有的模型都由设计师在室内制作，该公司最近还购买了一台激光切割机用于制作正交部件。

该公司使用 Vector Works 来绘制二维平面图形，Vector Works 是在美国西海岸非常流行的基于 Macintosh 的计算机辅助设计软件。该程序和 Form Z 构成他们主要的图形软件。

黏土模型

黏土模型是安东尼·派德克建筑事务所特有的模型，它代表了手工模型和空间构成的直接联系。

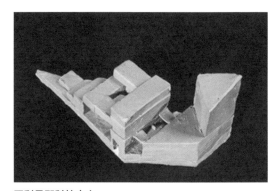

亚利桑那科技中心
这个研究排除了场地和背景因素，只是反映了单独建筑的研究。

加利福尼亚州立理工大学管理大楼

一个小型的 3 英寸 ×5 英寸（7.62 厘米 ×12.7 厘米）校园建筑背景下的研究模型。

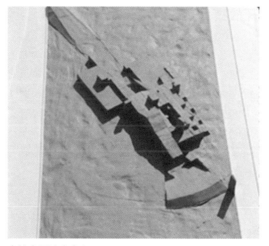

克拉克县政府中心

这个模型似乎要大得多，并且是以小城市居住区的规模来运作的。

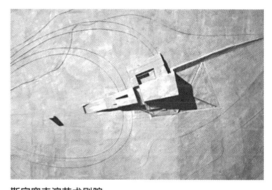

斯宾塞表演艺术剧院

黏土与场地之间有着强烈的联系，而这通常被认为是独立系统的延展。

考布·希莱鲍建筑事务所

考布·希莱鲍建筑事务所一直靠图纸和概要模型来展开项目，他们具有活力的设计总是通过对设计内容的研究形成。因此，将计算机建模融入他们的设计中并没有使得他们的设计方向发生根本性的转变。融入的效果更多的是使他们拥有另一种方式来扩展他们极端严谨的工作模式。

所有关于连续工作方法的解释可以通过沃尔夫斯堡科学中心（Woflsburg Science Center）模型看到。目前尚不清楚这一方向是由快速成型的可能性提出的，还是仅仅利用该过程作为控制工作的权宜之计。无论如何，观察这些初始意图已经明确的用纸质模型表达的初步研究都是有启发意义的。只有经过一段时间的发展媒介的转变才能融入设计过程中。

由于数字模型的精确本质导致了一些开放性设计的损失，因而这种模型直到设计的后期才会被采用。设计人员表达了对开放式过程的偏好，并给出了这样的解释："在这种预先已数字化的状态下，模型表现出了一定的模糊度，进而允许理解层面的东西发挥作用。"这种对模型推理和模糊的解读就像分层的草图一样能提供丰富的内容。

除了在实现模型中的作用，考布·希莱鲍建筑事务所还运用计算机进行拓扑研究，就像后面所展示的怀特宝马总部大楼一样。

开放式住宅

📍 马里布，加利福尼亚州，美国

他们关于设计过程的描述是公司对这个项目的核心工作，同时表明了他们对数字媒介的态度："这是一幅像爆炸一样的素描，画者闭上眼睛，集中注意力，手就像是地震仪一样记录着这些由空间带来的感觉。这个时候重要的不是细节，而是光线和阴影、明暗、宽高、亮度与拱形及空中的景色。"

开放式住宅（初始草图）
不确定的层次和草图线条展示了对方案的多种理解，而且其中的一些污迹提供了对这种标记的特有解读。

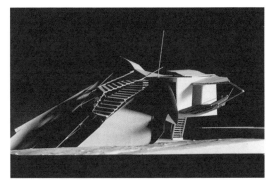

开放式住宅（解释性研究模型）
在理解图纸精髓的基础上，给左图的图纸赋予了空间以得到此模型。

开放式住宅（最终模型）

最终模型传达了绘图中所有的活力，形成了一组清晰的、经过精心编辑的绘图。

开放式住宅（计算机渲染）

这种数字渲染图试图创造空间的真实感，但在某种程度上丢失了模型的原始能量。

汇合博物馆

⊙ 里昂，法国

这个博物馆是提供当代知识汇合与重叠的公共空间。建筑物的主要特点是交叉、融合以及各实体间的呼应，并且将城市空间类型学与博物馆类型学结合在一起。

为了实现这一目的，设计过程也采用了混合法。沿着一个原始的剖面草图，数字模型的拓扑空间被拉扭，以探索不同的城市景观，同时表面和节点将内外结合在一起，形成了动态的空间序列。

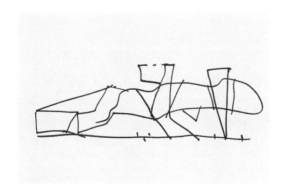

汇合博物馆 1

最初的草图部分。

汇合博物馆 2

最初的计算机拓扑图。

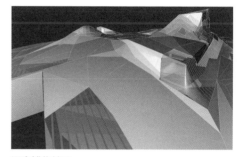

汇合博物馆 3

来自计算机拓扑中的建筑空间。

汇合博物馆 4

数字渲染图。

科学中心博物馆

📍 沃尔夫斯堡,德国

　　这个项目通过建筑形式反映科学世界观中的逻辑,如"是与非"。本例中一个变化的流体形式反映了在不确定的科学进程中获取知识的隐喻。一个毫无特色的大型展示空间提供了一个中性体系,该主体通过插入和添加其他的主体来进行转换。雕塑般的、开放的命题是典型的考布·希莱鲍公司项目的工作方式。本例中,快速建模在设计过程的最后阶段被实施,以获得对空间的整体控制。

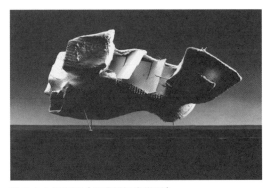

科学中心博物馆（初步的概念模型）
这个模型抓住了工作思路的感觉,但即便是这种状态也是与设计相联系的。

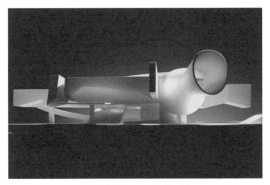

科学中心博物馆（快速建模的最终模型）
这个模型被彻底细化,但仍然保持研究中的神秘本质。

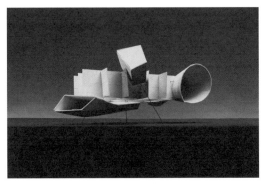

科学中心博物馆（拓展纸质模型）
一个对初步研究的改进处理,使研究达到了仅仅通过纸质材料就能反映动态连续空间的效果。

怀特宝马总部大楼

📍 慕尼黑，德国

这个项目包括一个品牌体验区和汽车交付中心。这是一个有差别的、不断变换用途的交易场所，也是宝马公司的一个标志。它由一个仿佛雕刻出来的穹顶般的通透大厅组成。这个小的剖面图是构成该项目的类似剖面图中的一个典型图形，从一开始就承载了考布·希莱鲍关于此项目的最初理念。即使通过数字化的可能性来整合和扩展想法，这些小的草图也始终能保持与设计不同阶段的相关性。实体模型几乎消除了对数字辅助工具的依赖，因为它拥有了所有数字产品具有的空间复杂性。

怀特宝马总部大楼素描造型

怀特宝马总部大楼模型内部视图

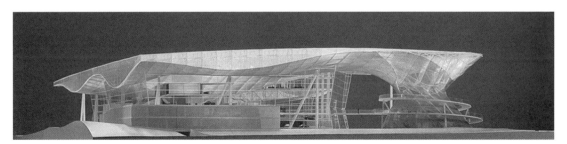

怀特宝马总部大楼实体模型

第七章

基本组合
连接模型部件的基本方法

本章介绍了一系列基本建模技术。许多案例在本书循序渐进的介绍中曾出现在不同的章节中。

材料切割

切割薄片

切割薄片材料（例如刨花板和泡沫芯）的方法是在刀子上施以轻微的压力，并根据材料厚度进行数次切割。这种材料的切割需要锋利的刀片，还需要带有防滑背衬的钢刀或者钢边平行尺。（注：待切割的薄片应该放在垫子上或其他保护性的表面上，如厚纸板。）

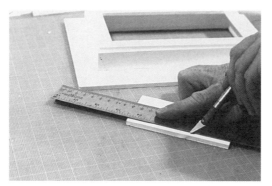

泡沫芯

类似于刨花板，泡沫芯的切割也要用刀反复划割。泡沫芯会让刀片变钝，所以必须经常更换，以避免切割边界产生毛边。对于斜角连接的结合处，转动刀片的角度可以切出需要的斜边。

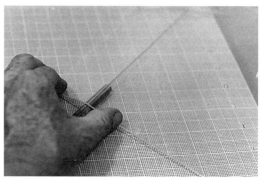

塑料和醋酸纤维制品

塑料板无法切穿时，必须先用锋利的刀片划出刻痕，这需要稍大的压力。同时，刻痕应与设计要求相吻合。在划出刻痕之后，将刻痕置于硬物的边缘处（如刀柄），然后用力按两边，塑料片就会在割划处折断。

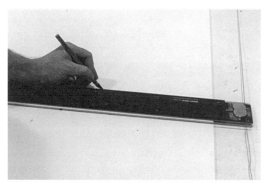

纸张和硬卡纸

根据材料的厚度进行多次划割。钢边平行尺对切割多个部件，如一系列的平行长条是很有帮助的。

轻质木板

轻质木板的处理方式与厚硬纸板和泡沫芯基本相同。像泡沫芯一样，假如没有定期更换刀片，那么轻质木板也容易产生毛边。

切割杆和金属线

在模型制作中使用的杆主要由木材、塑料和金属线制成。这些材料基本都可以使用模型刀进行切割，但是对于那些很大或很硬的杆件如金属线或金属杆，则需要锯和剪刀。

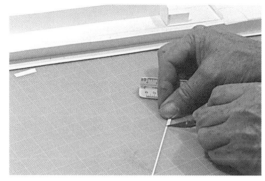

塑料杆

较细的矩形截面杆可以采用与木杆相同的方式切割。切割的末端可以用砂纸磨平。

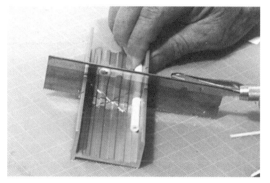

粗木杆和塑料杆

对于较粗的杆，则需要模型锯和轴锯箱。如果很难切割，那么可将凸起的边缘置于箱子的底部，再放在桌子的边缘向前锯。箱子底部的刨花板会保护锯片边缘。

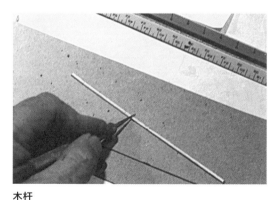

木杆

细杆可以通过向下按刀的方式来切割。椴木杆需要用更大的下压力和轻微的锯切动作。毛边可以用砂纸磨平。（注：钝刀片会压坏木头。）

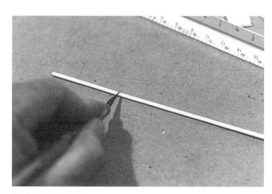

圆木杆和塑料杆

圆木杆应该用滚刀来切割。细杆可以完全切断，但是粗杆应该首先刻痕，然后在刻痕处折断。粗糙的末端可以使用砂纸处理。

金属线和金属杆

小型钢丝剪可以切割盘状铜质和钢质金属线。较硬的金属杆需要使用硬质的电工刀。如果要切割青铜管或是镀铜管，就需要使用小钢锯和轴锯箱。

切割与钻孔

在模型板上打孔有很多的用途。孔可以作为简单的槽口或插槽连接（负担）其他部分，它们能够在模型底部为一系列的柱子提供刚性的连接，或者穿过公共部件制成多层楼板。

可以使用刀子或者小电钻通过切割或者冲孔的方式打孔。如果使用刀子，那么11号刀片的效果很好，因为它的刀片很薄而且又有锥形的尖端。

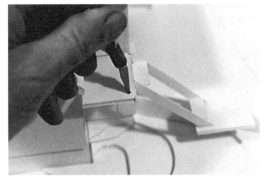

制作槽孔

在泡沫芯上切出的一个深孔，可以插入立柱。将刀子深入到想要的深度，然后旋转刀刃，就可以挖出一个深孔。要保证孔与立柱的紧密贴合，不要过度切割使得的孔的直径过大。

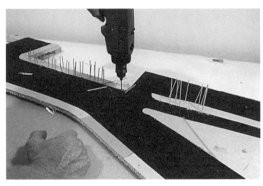

钻柱孔

为了提高效率和精确性，可以使用电钻来打孔。电钻还有一个额外的优势——在向更深处钻孔时，不会像锥形刀刃那样，使开口处的孔径变大。

用冲压的方式打孔

为了快速制作，可以使用刀子来冲孔。但是材料要有一定的厚度，比如瓦楞纸板。这时的孔是很简单的切口，可以将细杆插入其中。

批量钻孔

对于多层结构，例如有柱子穿过的地板，可以使用大头针将这些板堆叠起来保证各板之间对齐，然后一起打穿。（注：底部要有一个薄片来保护切板。）

修剪与裁剪

在制作模型的过程中，在模型上直接制作切口是非常有用的，有时甚至是必要的。这些切口可以用来对模型进行修改、重组、调整部件或者整理连接处。大多数的修剪和裁剪可以用刀、剪子和小三角尺完成。

切割新开口

以三角形为基准，用锋利的刀子可以直接在模型上切出相对精确的开口。不要用刀子反复地划切，而应该一次性切开或者锯开材料。

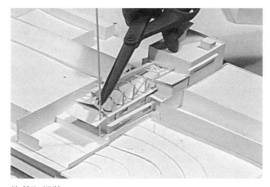

修剪和组装

小木棍可以用剪刀在适当的位置直接修剪，剪刀的动作对细小接合点的破坏较小。另外，将新的部件安装到现有模型上时，这种切割方法也表现出非常高的精确度。

修剪和修改

使用剪刀可以在模型上进行有效的快速切割。剪刀对胶胶合接缝的破坏较小，并且能在较短距离内形成整洁、笔直的切口。

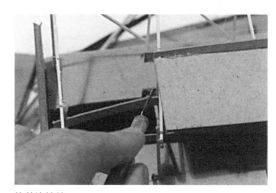

修剪连接处

边缘和其他凸起可以用刀修剪、切割或刮掉重叠的连接部分。

附着部件

附着面板

用于研究的模型的制作过程应该是一个持续进行的过程，尽量不要在等待组件干燥上浪费时间。为此，大多数的材料是使用白乳胶组装的。

如果使用正确，白乳胶会干燥得非常快。但是必须保证切口笔直，才能达到这样的效果。在干燥时间较长的情况下，可以采用一些辅助工具，比如大头针和胶带。最为重要的是不要在研究模型的组件上涂抹过多的胶水，因为这样做的话，在拆卸部件进行实验时，可能会使它们撕裂或者变形。

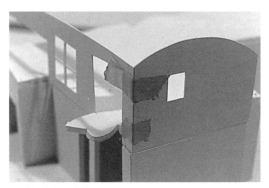

临时接合点的连接

对于那些不能及时干燥的边缘，可使用纸胶带暂时连接。在10～15分钟之后，可以取下胶带。（注：避免使用强力胶带和透明胶带，因为它们会撕裂纸的表面。）

黏合部件

将边缘压在一起，确保它们是齐平的。几秒钟后，连接处会变得干燥，足以支撑自身。多放一会儿会更加结实，但此时已经可以利用这个部分进行下一步的处理了。

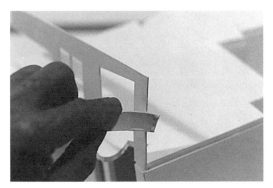

组装到位

胶水可以直接涂在已安装好的组件材料的边缘上。

涂抹胶水

使用白乳胶时，最好将胶水涂成一片。这可以使胶水变得更稠密，同时也可以缩短干燥的时间，使用硬纸板细杆，非常薄地涂在材料的边缘。太多的胶水会导致接合点的干燥时间变长。

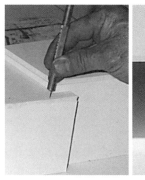

用大头针连接

使用大头针可以将接合点在胶水凝固前暂时固定在一起，这些大头针在胶水干燥之后可以拔掉。如果接合点不会被看到，那么大头针可以自始至终留在里面。刀柄的末端是固定和插入大头针的有效工具。

其他附着方法

　　除了白乳胶之外，还有几种黏合剂非常适合纸质的结构，每一种都各有优缺点。在需要大面积涂抹胶水的情况下，比如在场地模型和纸质遮盖物上，白乳胶中的水分可能会弄皱纸张。这时，喷雾黏合剂、热熔胶和双面胶带是更好的选择。

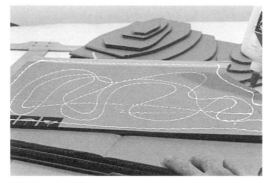

贴面等高线模型

白乳胶对厚材料（如瓦楞纸板）是非常有效的。对于需要进行实验的场地模型，白乳胶应该按照线条来分布，以方便对各层进行修改。

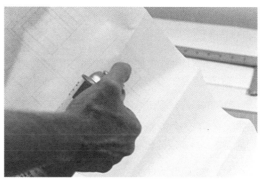

喷雾型黏合剂

用一层轻薄且均匀的黏合剂来粘贴表面材料和纸质场地等高线。场地等高线模型可以随意反复修改，但是黏合力有限。

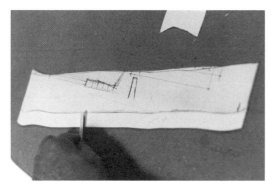

表面黏合片

白乳胶可以用在厚材料上，如泡沫芯和瓦楞纸板。为了使连接更加持久可靠，应该将胶水均匀地涂抹在整个接触面上。

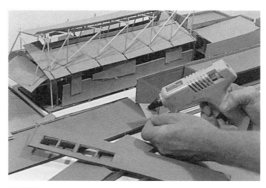

热熔胶

由于热熔胶凝固较快，所以非常适用于制作快速概要模型和不要求外观完整的研究模型。热熔胶的黏合力很强，也可以用于加固，但是当移动的时候，很容易因震动而脱落。

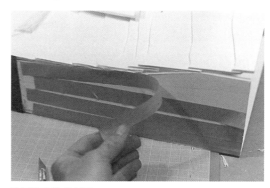

使用转移胶带封面

用胶带贴满整个表面，撕去纸质的衬垫，与表面板相黏合。尽管这是一种有效的防皱方法，但是由于以后没有机会再次调整，所以面板必须严格地对齐。

结构组合

探索建筑构成元素各种形式的一个重要方法是利用各个部件尝试不同的组合关系。

粗略的研究模型使得这种尝试快速且有效。与其避免模型零件拼接时的连接困难，不如让零件保持相对的姿态并快速进行切割，这样设计师就可以将调整可视化。

在确定最后的布局后，可以对粗略的切口重新切割并进行表面的重新修饰（见第二章的"转换：更新模型"一节）。

步骤 1

在建立独立的形式后，把两个部件按照计划好的关系安放在适当地位置上，然后在接触面的交接处描绘一条交接线。（注：对于互成角度的关系，平面上交接位置可以使用不同的尺寸，以此来反映逐渐缩小的插入。）

步骤 2

沿贯通面将盒子的顶部切割下来。（注：为了做成相交的关系，材料可以从圆柱体而不是盒子中取出以实现交叉，但是如果去掉了太多的材料，那么这个圆柱可能会破裂。）

步骤 3

借助小三角尺，沿交点处向下将盒子的正面切割开。（注：刀片必须锋利才能不损坏盒子。有时使用剪刀会更好，其破坏程度能够减小。）

步骤 4

从盒子上去除多余的材料，把圆柱体嵌入切口中，这两个部件就咬合在一起了。

细杆的附着

不同的材料和对细致程度不同的需求,使得适合于木头、塑料和金属的附着方法不同。

白乳胶比较适合木杆间的粘结,当要求速度快时,可以使用热熔胶。

尽管使用粘结模型飞机用的胶水会更方便些,但是塑料杆最好还是使用醋酸盐黏合剂来附着。对于快速建模,可以使用热熔胶粘结塑料杆,但是塑料表面会排斥这种粘结。当把塑料杆粘在纸上时,必须使用白乳胶或热熔胶代替醋酸盐黏合剂。

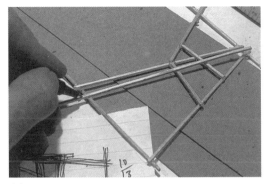

木杆

在连接处和接合点的末端涂抹上一点白乳胶或热熔胶。为了防止粘到作业中的其他物品表面,可将正在处理的结构放在食品塑料包装袋上,或是其他不黏的表面上。

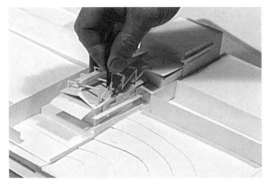

组装到位

在细杆的末端涂抹上一滴醋酸盐黏合剂,把细杆的末端连接到现有的框架结构中。如果是轻质的细杆,几秒钟内就能够晾干。

塑料杆

在刀刃的末端滴一滴醋酸盐黏合剂,然后把它涂抹到接合点上。这种材料一般不到1分钟就可以晾干。

粘贴不同类的材料

由于醋酸盐黏合剂在纸和硬纸板上不起作用,故塑料组件与纸质材料相粘结时必须用白乳胶。

连接塑料片和金属线

为了得到预期的结果，一种相对标准的方法是在塑料连接处使用醋酸盐黏合剂。

模型应用时的金属线和金属连接不易实现，目前尚没有解决方案。白乳胶不能很好地粘结金属，最实际也是最有效的替代品是热熔胶、强力胶、Zap－A-Gap牌胶水和焊料。其中，只有热熔胶、Zap－A-Gap牌胶水在与纸质材料连接时可以取得相对较好的效果。即便这样，仍要借助钻孔和插接的帮助，在连接材料时，白乳胶仍然是十分必要的。

附着塑料片 1

沿材料的边缘涂上薄薄的一圈醋酸盐黏合剂。（注：此时要使用尖嘴钳作为辅助。）

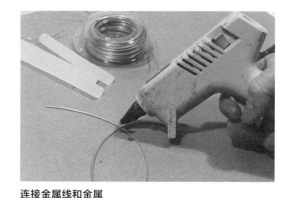

连接金属线和金属

可以使用热熔胶，然而如果接合点是旋转的，就无法保持固定。使用强力胶再加上精细的节点处理是另一种备选方案。在某种程度上，白乳胶也可以固定，但是必须干燥数个小时。

附着塑料片 2

涂抹上醋酸盐黏合剂之后，把边缘固定在一起，然后等待1分钟或者更久一些再进行测试。接合点会很脆弱，让它们黏合可能还需要花一些时间。（注：切口必须是直的，否则胶水很难把它们粘在一起。）

酸性芯线（焊接连接）

用焊枪加热连接点附近的金属线，用焊料末端检测金属线的温度，当焊料融化时，把它涂抹到连接点上，然后冷却连接。不要使用焊枪直接融化焊料。

组件的合理装配

边缘对齐

一旦模型部分制作完成，就难免有一些存在误差的地方。尽管会比较注意精确性，但由于材料有一定的厚度，产生微小偏移的情况也是不可避免的。

为了确保组件间连接紧密，应在蓝图模板能够制作合适组件之前，使用新建模型的尺寸检查从平面和立面图纸上切割的模型部件。这样可以确保组件与实际模型尺寸相匹配。使用小三角尺可以保证组件边缘笔直并成直角。在没有画好控制线作为参考时，直角三角尺是保证垂直对齐的重要工具。

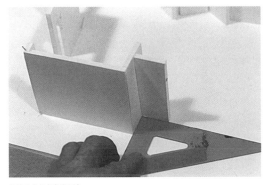

平面上对齐组件
把三角尺放在墙的交会处，各个部分分别与三角尺的边缘对齐。对于成角度的交叉点，可使用可调三角尺。如果墙很短，则可制作符合这个角度的模板，切割下此形状，用它来对齐模型的部件。

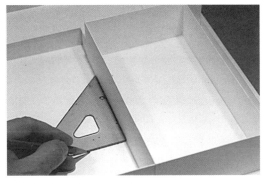

在模型上绘制草图
小的三角尺可以用来在模型上绘制参考线。在没有制作模型图纸的情况下，或是要添加新的组件时，这种方法很有用。

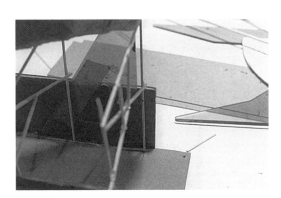

垂直对齐
对于垂直对齐，可以把部件直接对准在三角尺上，或者在相邻的墙面上画上指示线以供参考。

连接点细部处理

随着模型变得更大更精细，对接合点的细部要求也越来越高。边缘应清晰可见，并能精确地测量。较厚的材料应该与隐藏的内层吻合，特别在使用不完整的内层彩色板时。

有几种惯用的方法对部件进行编码。最常用的方法之一是在低坡屋顶周边使用立起的边缘来模拟女儿墙。

90°泡沫芯交叉连接

在泡沫填充物上切出一条线，其厚度与交叉墙的厚度相同，然后刮掉所有的泡沫，直到露出纸质的背衬。剩下的纸面就可以干净整齐地安装到交叉墙的边缘上。

转角（拐角）的细部处理

另一种紧密装配转角的方法，是以一定的角度切割材料。如图中所示，为了达到完美的安装效果，切口必须相当精确，但是如果只有一侧暴露，那么角度可以在较紧的一侧有所变化。

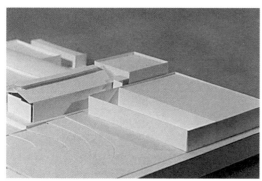

屋顶细部处理的惯用方法

在这个环境模型中，低坡屋顶的平面被设置在略低于围墙的位置，以创建女儿墙。这种惯用的方法有助于反映高差。

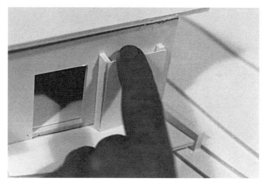

90°交叉

这面墙被安置在与它邻接部件的附近。墙被装在一起，可以将边缘对齐，不露出任何核心材料。

复合接合点的细部处理

在多个方向上互成角度的接合点，又被称作"复合接合点"（compound joint），如图的右上角所示，可以通过切割和调整来测试吻合度，然后将两端模板固定到一个与开口宽度相同的单个零件上。

小部件处理

随着模型的不断完善,它也会变得越来越精细,甚至可能无法直接用手进行装配。这时,可以使用几种简单的工具来进行整齐精确的连接。

后文的插图中,在不同的应用中使用了镊子、尖嘴钳和模型刀。尽管它们的用途可能比较近似,但在某个特定条件下,总有一种工具比其他工具更适合。

使用刀子安放组件

把模型刀的尖端插入纸张边缘里,组件就可以按照刀子的引导安放到恰当的位置。拔出刀片时一定要轻,否则部件也可能一起被带出来。

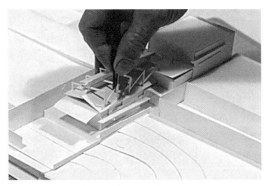

使用镊了处理精密的构件

镊子的自动弹开动作使得其在安放构件时不受扰动。同时镊子可以处理那些刀子不能轻易刺入的材料,如塑料。

使用模型刀子放置面状部件

轻轻地用刀尖刺入材料的表面,可以实现部件的放置。但是如果把刀刃插入太深,就会在部件表面留下痕迹。

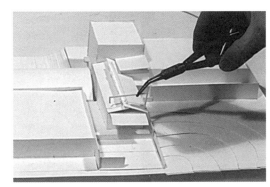

使用尖嘴钳进行放置

尽管尖嘴钳不像镊子那样容易释放物体,但是对于向外凸出的安装,尖嘴钳可以产生稳定的夹力。把一个手指放在两个钳柄中间,就可以轻轻地张开钳嘴来释放组件。

塑形和加固

根据材料的不同，制作曲面的方法也不同。第八章包含了许多专业技术和工艺，但是即便在模型构件的基本层次上，扭曲和弯曲平面的两种常见技术也很有用。可以将平面卷起或者置于一系列弯曲的构架中。

将零件弯曲之后，可以沿斜线将曲面切割成许多派生的形状。平面还可以被制成适合于弯曲的骨架形状，且以多种方式进行弯曲。

对于较大的组件，要在弯曲的组件上保持一个精确的半径，需要使用某种类型的加固构件。这些构件通常可以隐藏在墙线里面，或使用某种方式掩饰起来，因为它们并不是建筑物的一部分。并不是说它们不可能变成建筑物的一部分，而是这些组件可能会为保持实际建筑半径提供灵感，然后被纳入设计中去。

位于大跨度薄板之下的加固构件也是非常有用的，它们通常嵌入墙体四周以支撑墙面与屋顶。

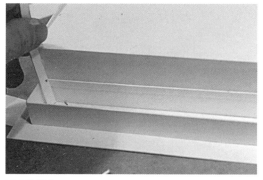

屋顶的横木

在顶部稍微靠下的地方安放了一个横木条，以便将屋顶放置平整。可以用硬纸板制成的杆来向墙的方向挤压这个横木条，直到它被固定住。

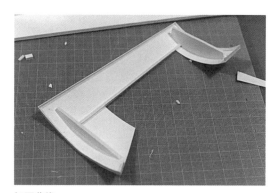

加固曲线

为了保持大的半径，可在适当的位置粘上弯曲泡沫芯作为加固部件。（注：使用了按比例弯曲的部件的边缘饰带加强细节。）

弯曲硬纸板

在圆柱形物体上滚压纸板，就可以使纸板弯曲。在较小的圆柱体上滚压可以得到较小半径的曲线，而要得到柔和的曲线则需在较大的圆柱形物体上塑形。应该将纸板卷曲得稍微过度一些，然后展开到适合的程度。

弯曲表面

可以将薄的塑料聚酯薄膜片和描图纸粘到金属线或硬纸板骨架上，做成各种复合曲线。（注：聚酯薄膜可以模仿玻璃，但是其柔韧性不如纸。）

模板制作

转换图纸

把绘好的图纸转换成模型组件最快的方法是将它们制成模板。在图纸上切割，就会在下面的材料上留下刻痕，之后可去掉图纸，用刻痕作为剪裁的指示线，进而制作组件。

或者将设计图纸直接固定在模型材料表面上，并直接在顶部制作。除了造成视觉上的混乱，这种方法有时也会导致其他问题，原因是墙板材料被粘贴到图纸上，而图纸使用喷雾型黏合剂粘贴，不易清除，从而影响外观。

喷雾型黏合剂

在通风良好的地方，喷上一层薄而均匀的胶水，然后把图纸平展在材料表面上。粘住周围的角，然后从一端向下展平。对于大型图纸，可能会需要其他工具或别人帮助。

用刀子绘制概要

即使没有图纸，也可以使用刀子在模型材料上面直接刻画，就像用铅笔绘制草图一样。

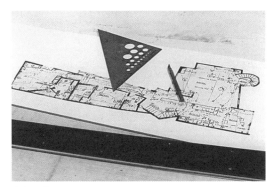

准备转换的图纸

在一般的转换处理中，使用喷雾型黏合剂将图纸固定在模型板上，之后用刀子依据外墙线轻轻刻出刻痕。然后去掉图纸，再参考刻痕来雕刻并安放组件。

在立面图上切割

沿图纸依次切割，以产生门窗轮廓。为了避免过度切割拐角，可以在模型板材的反面完成切割。（注：仅仅制作了较大的窗框。）

一个切割好的立面

上图所示为一个最终完成的立面图，并且已经被安装在模型整体中。可以多次重复这样的过程来研究同一建筑的不同开窗方式。

模板部件的制作

部件可以被制成模板，就是说，可以根据另一个组件的轮廓直接做出图样，不再使用尺子从图纸上测量。

复杂的连接，可能需要多次重复这个过程，同时每次都要调整新部件使它们能够契合于所需的结构。

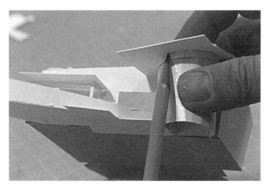

制作模板的典型方法

沿着某个构件的边缘进行描边，然后切割下想要的部分，就能得到相应的形状。上图中，就是使用这种方法，很快地制作出一个不规则弯曲的圆锥形尖塔的顶部。

制作等高线模板

以一种类似于把等高线投影在剖面图上的方式，把建模材料放置在现有模型等高线的地方，然后勾画出轮廓，形成一个侧盖。

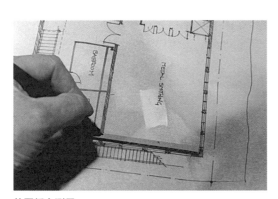

从图纸上测量

随着模型制作过程的进行，可以从图纸中直接标记横木以及其他组件等部位。

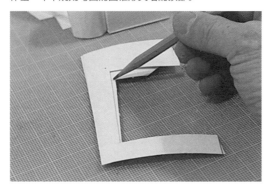

制作复杂结构的模板

对于复杂的结构，可以切割出一个粗略的形式或者从几个拼接件中近似推导出来，然后以此为模板做一个构件，经过调整后转移到另一张纸上。这样反复几次直到最后得到的部件能够精确地装配。

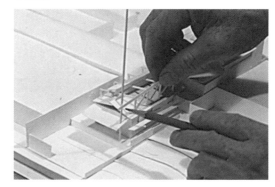

延长线（投影线）

如果想在模型上精确切割，那么可以采取这样的方法。用直尺延长一条线，找出与另一个组件的交点，然后在模型上标注定位。

多重模板的制作

一个模板还可以用来多次复制某个构件。可以制作出模板并将其用于建模。利用模板制作一系列重复性的屋顶桁架是一项很便捷的应用。

这种工艺适用范围广,从绘制一个单一的模板到制作适合于批量组装的模型模具。

绘制的模板

在纸上绘制出设计方案,然后把每一个新组件置于图纸相应位置上,就可以作为一个简单的模板使用。

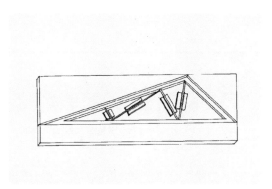

块形夹具模板

针型夹具可以通过切割木块,然后把它们固定到底座上以形成对桁架构件的界限边缘进行改进。块形模具更坚固,当制作曲线桁架时可能会用到。

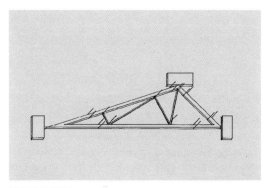

多个单元浇筑

可以使用塑料或加筋混凝土,利用一个模具浇注多个模板单元的方法(参见第八章)。

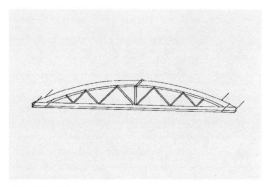

针型夹具模板

把金属针插入模板底座上,并在限定点内放置构件,就可以制作一个针型夹具模板。

曲线支架模板

弯曲构件可以通过固定两端并在内部使用约束销来制成。一旦安装了腹板构件,同时连接得很合理,桁架就可以在没有金属针的情况下保持它的形状。

成品

开窗

开窗或制作窗子和玻璃，可以用各种方式完成。

表示开口的指示线应该简洁，且能反映出按照比例可以精确描述的细节。（注：尽量避免在图纸表面上开口。）

为了达到玻璃窗的模拟效果，可以使用透明薄膜或者粘贴上了竖框线的塑料片。

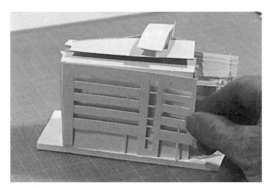

开窗饰层

可以切割一个简单的遮盖层，并将其放置在基片的上面来模拟一种开窗的微妙效果。

在塑料片上使用艺术胶带

可以使用刻划线作为指示线，在塑料片上拉紧艺术胶带生成窗子的竖梃。最后压平胶带末端后将其修剪。

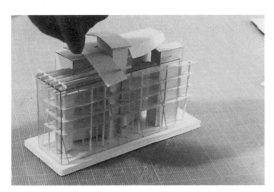

玻璃幕墙

小体量模型可以使用透明塑料片来制作玻璃幕墙。对于小的区域和弯曲的部件，可以使用较厚的醋酸盐黏合剂。随着模型尺寸的增大，需要使用薄塑料片来保持材料的刚性。

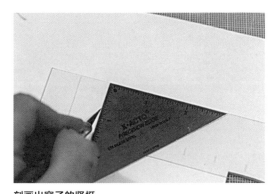

刻画出窗子的竖梃

用刀子在塑料上刻出痕迹，作为实际窗子竖梃，或是作为使用艺术胶带的指示线。

半透明玻璃窗

用细砂纸在塑料或树脂玻璃片的一侧打磨后，制作成半透明窗。

表面处理

对于简单的展示模型，最后的细部处理和抛光，可以通过清洁模型和一些简单的制作工艺来完成。

表面可以由附加的纸层遮盖，用以消除暴露的接合点并生成开口图案。对边缘进行细节处理，以传达正确的比例深度。

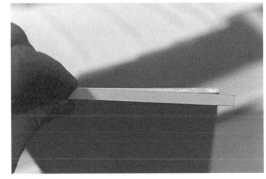

边缘的细部处理
展板纸板，按确切比例切割成想要的饰带，然后将其粘到厚0.125英寸（0.32厘米）的泡沫芯屋顶板边缘上。

着色上漆
略微的喷雾着色可以清洁和抛光模型。建议在大量喷雾上漆之前喷一层薄薄的底漆，这样可以防止纸张变皱。

遮盖
这个模型正处于用彩纸遮盖的过程中。可通过在纸上喷涂喷雾型黏合剂实现，或者使用双面胶带来实现更持久的粘结。

砂纸打磨
把砂纸放在平坦的表面上，在砂纸上前后反复摩擦进行构件打磨。100号粗砂纸符合大多数的需要。

清洁处理
压缩空气气流可以清除制作模型后遗留的碎片。

场地加工

实体等高线模型

选择一种材料，它的厚度可以按比例表示出想要得到的坡度。在本例中，比例为1∶96，瓦楞纸板厚度是1/8英寸（0.32厘米），代表高0.3米的阶梯。

纸板和刨花板模型最适合使用喷雾型黏合剂。因为白乳胶中的水分会把材料弄皱。泡沫芯材料最好使用喷雾型黏合剂或者白乳胶。对于研究模型，喷雾型黏合剂固定的模型层更容易修改。

对于瓦楞纸板之类比较重的材料，可能需要使用白乳胶来增加接合强度。对于永久性结构可以均匀地进行涂抹，若是为了以后去除涂层时方便操作，则可以成排涂抹。当涂在材料的表面上时，白乳胶需要12小时的时间才能干燥。

使用热熔胶粘结的组件很难再拆卸下来进行修改。而且，随着模型四处挪动，热熔胶容易失去黏附力。

用胶水粘贴之后，模型应当用书或者杂志压紧，直至各层干燥。

步骤1

使用等高线地图的复印件制作一个切口模板（喷上喷雾型黏合剂以防止其移动），可以通过切割这个复制品在硬纸板的表面留下刻痕，或者使用滚动薄片切刀，沿着线滚动将标记拓印到底板材料上。

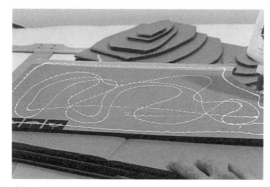

步骤2

从场地大小的一块板开始，切掉第一条等高线。把这块板粘到一块整个场地大小的底板上。

步骤3

从另一块完整的薄板上切掉下一条等高线，将其放置在第一个等高线板的顶部。所有层都可以不用粘贴而先堆叠起来。在预堆叠薄板时，应该标记上拼接线以及层级关系，这样在重新组装的时候就会容易很多。

步骤4

继续堆叠等高线薄板，直到它们小到足以使用部分小型薄板来代表山顶或其他小部分。在每层等高线薄板上，可以给层级加上标签，以帮助计算海拔高度并对场地加工起到控制作用。

中空等高线模型

中空模型与实心模型的制作方式相似，但只需要部分板材。

等高线或被切下来插入建筑物模型中，或是围绕着建筑物建立。（注：不要只沿着每一条等高线切割，而忘记在薄板之间提供额外的材料用于重叠。）

见第九章的"实例研究 A：住宅"，了解直接基于模型创建等高线的示例。

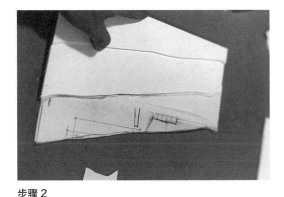

步骤 2

把连续的等高线层衔接在一起，并从下方提供支撑以保持适当的坡度。这可以通过制作一系列柱体或是制作一个按等高线逐渐抬高的带有坡度阶梯的部件模板来实现。

步骤 4

小坡度部件可以在一侧完成并作为一个单元进行组装。

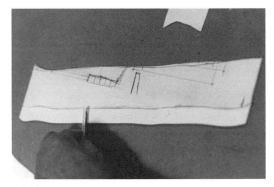

步骤 1

切割薄板时，要在等高线的后面留出足够的面积使得有足够的粘贴表面，0.5 英寸（1.27 厘米）到 1.5 英寸（3.81 厘米）即可，具体取决于裸露部件的大小和材料的重量。标记出边缘，防止胶水粘到需要露出的表面上。

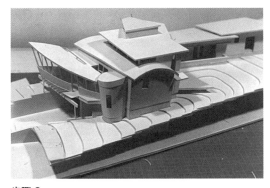

步骤 3

随着大部分的等高线安装到位，下面的空洞和部分薄板之间的重叠的衔接线就会很显眼。

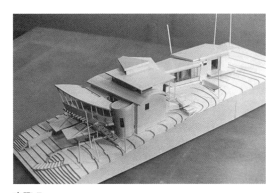

步骤 5

完成后的建筑物增加了侧墙，以支撑边缘。在切割挡板时需把模型侧放，然后制作支撑墙的模板。侧面部件也可以通过将等高线图在剖面上投影来进行绘制。

场地植被

对于设计研究和简单的最终模型来说，最好是简单、抽象地处理建筑物周围的植被和附属构件。精心设计的模拟场景容易让建筑物黯然失色，无论是从心理上的重要性，还是视觉上遮蔽项目的角度来说都是如此。

这些例子提供了简单而有效的方法，一般用来提供不那么引人注目的场地植被。

植被 1

树木是将地衣放在小木棍上制成的。地衣不会干扰视线，而且在小尺度下的效果非常好。

植被 3

通过将切好的纸堆叠在木棍上，可以制作出简单的树木。对于较大尺寸的植被，这种方法效果更好。

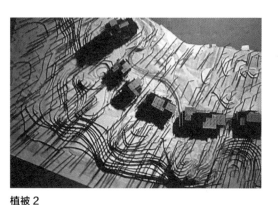

植被 2

这些树使用光滑的塑料棒进行了抽象的处理，给人一种树木繁茂的感觉，同时没有干扰到建筑物的可见度。

植被 4

可以将稠密泡沫用砂纸打磨成型，以打造出灌木丛或树丛的效果。

模型基座制作

在本书中出现了很多的模型底座,在第二章关于等高线模型的讨论中,提到基础构造的基本方法。这里会介绍一些一般性的指导方针。

底座的首要目的是支撑模型,使其不扭曲和下陷。对于小模型来说这一点很容易实现,但是随着模型的重量和大小逐渐增加,就需要加固并使用较重的材料。在这种情况下,深层加固后的底座、轻质盖特纸板或胶合板都可以满足需求。

概要模型的底座

小型概要模型可以在瓦楞纸板或泡沫芯上制作。可以将其堆起来粗略地模拟倾斜的场地。

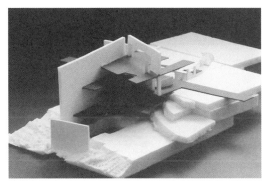

研究模型底座

泡沫既可以用来快速模拟坡度,又能提供较好的刚度。

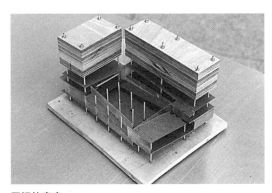

平坦的底座

对于实木结构类的重型模型,应当使用胶合板或是轻质盖特纸板来制作平坦的底座。

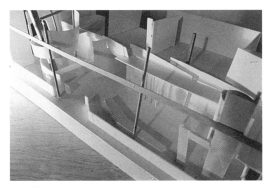

加固的底座

对于具有平坦底座的大型模型来说,可以制作一个带有顶和底的盒子,在盒子内部用互成 90° 的条带进行加固。可增加盒子的深度和强度。

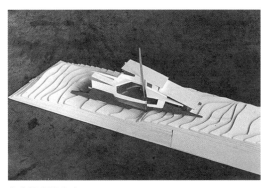

中空等高线底座

尽管实体等高线模型往往会自行变硬,但是有必要使用硬纸板的垂直和水平的条带来加固中空底座的内部空间。

第八章

高级组合

制作模型的先进技术

随着探索弯曲（扭曲）类空间概念的设计工作不断激增，本章介绍了一系列通过手工构建模型来实现这些形式的思路，展示了利用各种刨花板来简单地铸造树脂形状的样例。

因为雕刻性元件通常作为模型必需的组件，许多例子都介绍了创作特殊外形的技术方法。如果需要的话，这些组件可以扩展到整个模型。

发现素材

物体修改

许多形状，如圆锥形、球形和其他复杂的形状，都可以在各种日常用品中找到。为了与其他材料的特性相匹配（如纸），它们可能被喷涂上色或者抹上石膏。使用这些材料的主要问题是要在模型的比例尺下找到适合的材料。

通常，生活中的常见物品不具有精确匹配的大小和形状，但是通过修改，如圆锥和球形等形状，可以生成大量的次级形状。

这些常见物品也可以经过处理来整合成传统的建模组件。为了达到理想的整合效果，可能涉及切割、折断、熔化、拆开、扭曲和刺穿等技术手段。

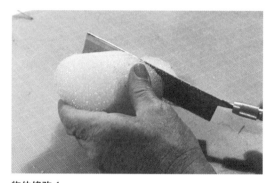

物体修改 1
可以将聚苯乙烯泡沫塑料圆锥按照某一个角度锯开，来改变它的形状。

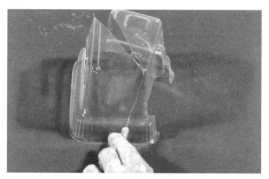

物体修改 3
塑料包装可以使用刀子切割，产生次级形状。

物体修改 2
这个胶纸板圆锥被截去了尖端，改变了原有的外形。

物体修改 4
用一小块灯泡碎片来代表弯曲的墙面。

组合

这类模型由常见物品和其他碎片组成,用于激发设计灵感。

以其他尺度来观察普通的物体,这些物体可以被用作建筑建模的元件。这些组合可以展现出用传统材料不易实现的外形结构。

如果将这些物体与传统的模型组件结合起来,并对其进行处理以产生次级形状,那么效果会更好。

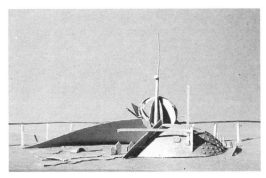

常见的硬纸板的组合
一个使用了刨花板元件的模型。模型的主体是从硬纸板圆顶上切割出来的。通过截面框架创建球形状元素。见本章的"透明形体"一节。

常见物品的组合
常见物品和普通的建模材料(比如塑料棒)接合到一起以实现快速组合。(注: 喷漆瓶盖被切割下来用以整合元件。)

石头材料的组合 1
用零碎的材料按照几种组合方案进行组合,能发现一些用其他材料时可能被忽视的有趣关系。

石头材料的组合 2
这些零碎物品不仅能够提供现成的形式组合,还传达了一种纸板材料所没有的重量感。

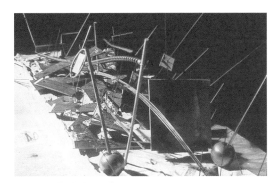

金属和石膏材料的组合
各种各样的物品,包括金属球、棒以及石膏铸造场地,共同构成了这个组合方案。

平面形体

曲面

许多弯曲的形状可以使用普通的纸板制作，也可以用金属和木板，见附录"其他材料"一节。这些材料可以被组合为复杂的平面形体，或者被切割制作成弯曲的实体结构。

下面的这些项目使用了简单的曲面。在曲面物品上滚卷硬纸板，可以将硬纸板弯曲。弯曲金属片的工艺随后会加以说明。

弯曲刨花板

这个雕塑模型的大部分构件由刨花板构成。板材经过预弯曲处理，与结构边缘和内部的骨架相连。

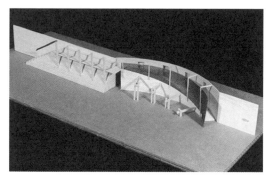

弯曲薄木板

轻质的木板可以用来制作小模型上的弯曲部件。可把薄木片粘贴到底座部件上，或者将边缘交叉起来，以帮助保持曲线。（注：对于厚木板，可以在背面切割出一系列的线条，以便使木板弯曲。）

切割模板

为了制作拥有特殊形式的曲面墙，可以通过切割出一系列截面来制作模板。在模板上外敷表皮以制作精美完整的外墙。

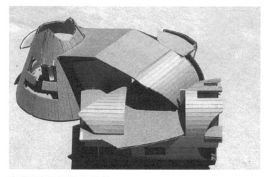

弯曲瓦楞纸板和泡沫芯

为了获得平滑的曲线，纸板应该按照1/8英寸（0.32厘米）的间隔从顶部切开。（注：圆锥形上的线条沿中心向外呈放射状。）

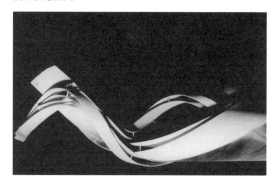

弯曲薄木片

薄的椴木片在热水中浸泡后可以弯曲，然后保持一定的姿态晾干后即可定型。

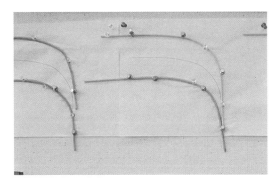

弯曲木条

可以通过将木条浸泡到热水中，并用图钉将其固定在所需形状上直至干燥，来保持木条的曲线形状。可以使用所需曲线的打印图作为指导，将木条弯曲到精确的形状。

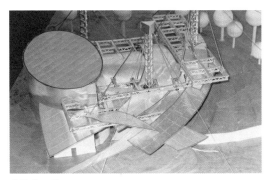

薄的金属片 2

薄的金属片能够容易地被切割和弯曲。用小锤在表面轻轻锤打尖头的金属件，如钉子或冲床冲头，可以实现螺钉的效果。

金属剪切

金属片可以使用铁皮剪或者金属螺柱剪切割。它可以从各种材料上切割下来，包括金属管（如图所示）、铝防水板、黄铜片或青铜片。

弯曲金属片 1

握住边缘并用拇指向下按压，可以将小片金属弯曲。弯曲的弧度要稍大一点，以便释放的时候能够得到理想的曲线。

弯曲金属片 3

可以将金属片放在大型物体上进行卷拢。比如借助这个 3.8 升的涂料筒，就可以按照弯曲硬纸的方法将金属片弯曲。

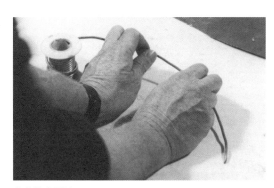

弯曲软金属棒

用拇指向外推，可以弯曲细铜线和铅焊接线。对于较长的金属线，可以每次向下弯曲一部分，最后将整条金属线均匀弯曲。

平面实体

柏拉图平面实体

　　简单的柏拉图平面实体可以从实心的木块上切下或通过连接平面来制作。在建筑学模型中最常见的形式可以在四坡顶的建筑结构中找到。

　　下面的步骤详细说明了在制作简单四坡顶结构中要注意的一些关键点。

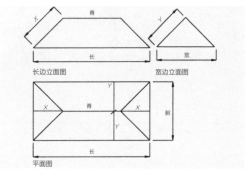

步骤 1
必须制作立面图和平面图，这样可以获得真实的四面组件的平面设计图尺寸。在确定平面设计图尺寸 X 时，使用立面图上的 X 尺寸。在确定平面设计图 Y 尺寸时，使用立面图上的尺寸 Y。

步骤 3
插图右侧的小三角面（已放置就位）没有按照一定的角度从底部切割，与另一侧相同元件的紧密装配相比，这个接合点显示了粗糙的边缘处理。

木质的组合模型
这个模型中的实体形状是用台锯切割的，这种方法比用硬纸板平面制作实体形状更快。如果需要的话，这些木块的表面可以用砂纸打磨，以提高光洁度。

步骤 2
切口应该向内倾斜一定的角度，以形成斜切的边缘。如果不这样做的话，材料的木片将会在接合点产生冲突。

步骤 4
通常使用大头针将轻质木片固定并组合起来。

复杂平面实体

通过附加平面来定义空间,可以制作出许多类型的平面形体。下面展示了几个以各种方式使用平面的例子。

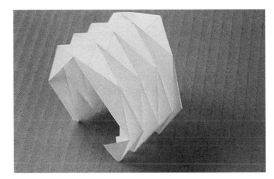

折叠的平面

使用纸张简单折叠成的三角拱形结构,营造出空间感。

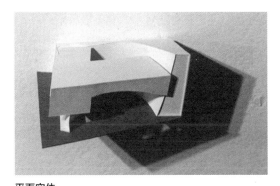

平面实体

刨花板平面被用来模拟如上图所示的这些样式。(注: 对这些平面进行弯曲处理,以便它们能适合于弯曲的模型表面。)

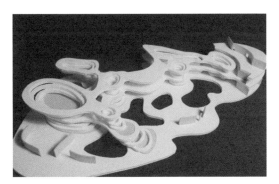

组合形体

复杂曲线可以通过堆叠截面来进行制作。

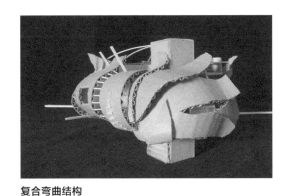

复合弯曲结构

复合曲线可以用类壳的曲面组合来实现。上图所示案例将瓦楞纸板运用到了极致。

椴木组合模型

在台锯上切割出各种实体形状,然后用带锯加工多面的实体形状。

外部骨架

透明形体与线框图纸相似。然而，线框图只使用了极少的构件来描述边缘条件，而在这里介绍的外部骨架则有足够数量的构件来描述形体的表面。这些模型具有允许观察者看到内部空间的优势。

两种制作框架的方法：

一是使用单个构架制作出一系列的框架或者控制线。

二是弯曲金属片、金属网或其他易延展的片形材料。

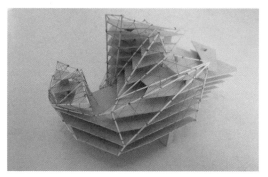

刨花板框架
从刨花板上切下连续的框架片，任何形式都可以通过它们重复的轮廓视觉连接来描述。

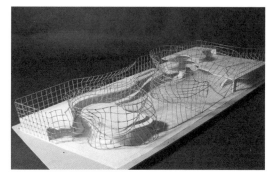

弯曲的金属网
该模型是使用被弯曲成各种形状的金属网构建的，它被用来定义空间体量。

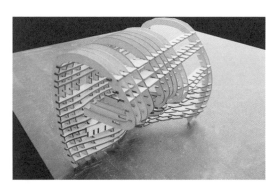

使用截面塑形
通过截取一系列的建筑剖断面作为模型组件，结合与之正交的建筑框架组件，可以制作一个复杂的建筑模型。本方案中所有的模型组件都是通过激光切割机制作的（详见第五章）。

框架和平面
一个实体（中空）模型，使用了重复性的框架，描述它的表面和实体平面的结合状态。

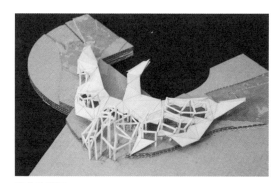

弯曲的平面
金属棒被裁成小节沿着平面放置，还可以逐节地进行填充以完善模型表面。

遮盖框架

　　骨架可以使用各种不同的材料覆盖,以达到一种实体结构的效果。这项工艺为制作复杂的弯曲形状提供了最可控的一种方法。与这种方法相关的工艺可以在本章"带有石膏网布的模型"一节中看到。

遮盖刨花板框架

可以用刨花板条制作各种形状,并且用轻质的描图纸对其进行遮盖。

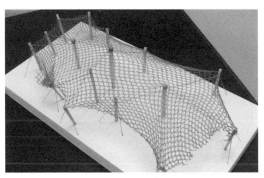

金属筛网体量

张力结构的固有形状可以用多种网格材料复制。人造织物制成的开放式网状物能够模拟张力结构表面属性。

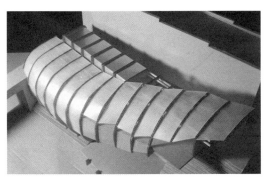

遮盖瓦楞纸板框架

重复的框架可以通过填充聚酯薄膜和醋酸纤维之类的柔性材料加以描述。在上图案例中,用打磨后的醋酸纤维来模拟半透明材料,这样做也能增加模型的重量。

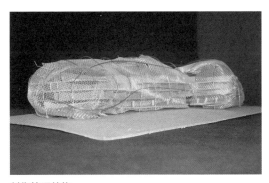

制作筛网结构

筛网(包括金属丝和玻璃纤维丝)可以用来表现表面的复合曲面。带有内部结构的底板上有固定点,将筛网固定在合适的位置上。

遮盖框架

用具有弹性的类似于长袜之类的材料覆盖于一系列的框架上,并且涂上清漆以制作出这种形体。

内部骨架

透明的金属框架可以像三维图纸一样勾勒出空间的边际。制作它可以帮助理解交叉的几何图形之间的关系。交点处的空间通常被外墙的表面遮挡，但是由于只制作出了边际，所以可以观察以及拓展重叠的空间。

要想定义空间，就要制作出所有的实体面（比如地板），这不会遮盖研究的区域。

廉价且易于操作的塑料饮料吸管可以用于此项研究。吸管是很好的制作模型材料，它可以跨越很长的距离，容易用剪刀切割，而且用透明胶带就可以连接。值得考虑的其他廉价材料有用于弯曲线条的硬纸板条和从泡沫芯上切下的适用于更大跨度的轻质棒或梁肋。

对内部空间的研究
用开放框架来限定空间，保持内部空间的开放，使内部空间能被理解和开发。

透明的混合媒介
金属筛网或者更开放一些的东西能限定体积并展示内部空间。

比例为 1 ： 24 住宅入口的研究
用吸管来制作房屋模型的骨架。通过仔细查看这个模型，可以将入口楼梯处的内部交叉平面之间的关系直观化。

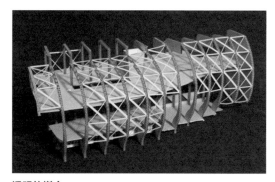

透明的媒介
这个模型展示了表面结构，内部关系也能够容易地被探究及评价。

透明塑料

有时候，将塑料部件加入模型中，作为透明层和底座效果是非常理想的。这些材料在允许观察者看到内部空间这一点上有相对的优势，同时它们还可被用于构建视觉交互层。

除了最薄的片状材料，透明塑料通常意味着有机玻璃。较厚的塑料和醋酸板材被当作玻璃使用，但是不需要特殊的设备进行处理。

材料

目前能够提供的有机玻璃有透明和彩色的两种，一般为 4 英尺 ×8 英尺（1.22 米 ×2.44 米）的薄片。厚度可以小到 0.625 英寸（0.16 厘米），还有0.125 英寸（0.32 厘米）、0.25 英寸（0.64 厘米）、0.5 英寸（1.27 厘米）等。许多供应商出售零碎的有机玻璃片，如果需要较小的组件，可以使用它们。

设备

厚度为 0.0625 英寸（0.16 厘米）的有机玻璃片可以使用刻刀或者其他工具切割，并能像塑料片一样被折断。比较厚的塑料片需要电动工具，就像处理木材时使用的工具一样。

流体有机玻璃
这个模型尝试表现水的材料属性。有机玻璃可以在烤箱中加热（在很低的温度下），然后变形形成波浪。

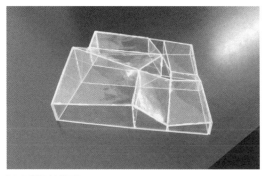

透明的塑料模型
薄的有机玻璃能被弯曲成这样扭曲的形体。关键是有能够连接弯曲部分的平面边缘。

半透明的塑料模型
这两个模型通过采用丙烯酸薄片和磨砂有机玻璃得到了短暂的效果，这种材料质感给人一种晶莹和飘逸的感觉。

曲面实体

利用图形切割几何实体

几何或者柏拉图式的实体结构（比如球体和圆锥）可以通过组合薄片图形来得到。用这种方式制作的结构模型的优点在于，与常见物品不同，它们可以以精确的比例来制作。

当球面二角形在两个方向上弯曲时，得到的球形形状将略微变扁。然而对于直径大到 4 英寸（10.16 厘米）左右时，这样的结果是可以接受的。

球体构型

把想要的实体形状分割成一系列的球面二角形，这个方法类似于地球仪上由经度线或纬度线所描述的球面二角形区域。大约需要 24 个球面二角形就能够创建一个可以接受的球形模型。也可以使用更多的球面二角形，但是在某些点上它们可能会变得太小而难于处理。如果使用较少的扇形，那么这个球体在侧面就会变得很平。组合这些球面二角形的工艺可以参考第 205 页的介绍。（注：计算机模型使用展开功能将体块分解成平面图案。边缘被合并后，几乎可以得到任何能想到的形状。参见第五章的"计算机建模"一节。）

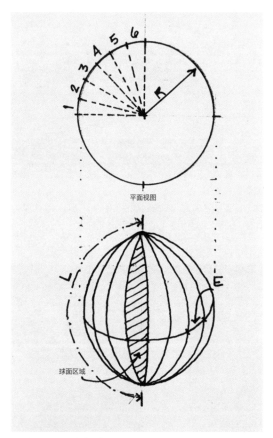

1. 球面二角形的概念图

尺寸 E= 周长（$2\pi R$）除以扇形的数量。

尺寸 L= 周长的一半。

上面的平面图展示了在一个圆的 1/2 区域内 8 个球面二角形的划分。

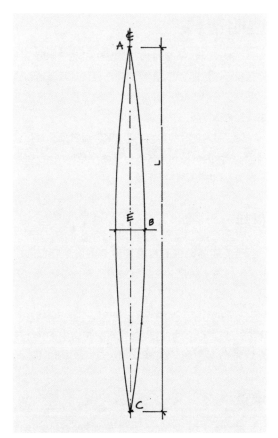

2. 一个扇形的布局

①画一条长度等于 L 的中心线。

②用一条长度等于 E 的线段标记穿过中心线。

③通过 A、B、C 三点，画一条三点弧。

（注：当填补边缘的空间时，扇形的侧面必须被弯曲。简单的三角形是不行的。）

圆锥构型

圆锥可以被制作成一个可测量的图案，或者用纸卷成，用来快速接近所需的大小和形状。

右上侧两图介绍了一个标准圆锥的制作方法。右下侧两图描述了一个粗略圆锥的制作。

为了制作一个标准的圆锥,应该遵循下面的方式。

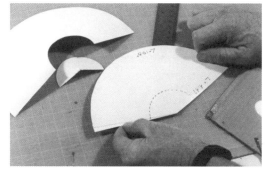

标准的圆锥构型 1

一个从海报板上切割出来的图案，形成一个半径 L 为 2 英寸（5.08 厘米），高度 H 为 4 英寸（10.16 厘米）的圆锥。两条半径 L 之间角度是 158°。（注：边缘粘贴了一块额外的接片，以连接缝隙。）

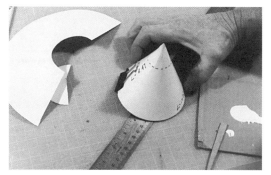

粗略的圆锥 1

制作一个粗略的圆锥时，可以将材料在一个端点处紧紧地卷起来，然后粘贴在一起。

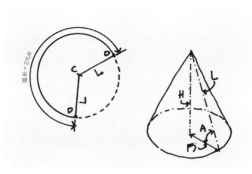

标准圆锥构型

$L=\sqrt{(H^2+R^2)}$

利用 $\tan A=H/R$，得到角 A。

构建圆锥:

①从单点以所示角度 A 绘制两条长度相等的线 L。

②量出 L 并且以它为半径画一个圆。

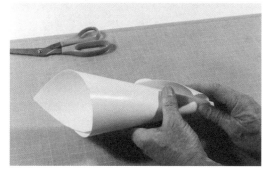

标准的圆锥构型 2

这个圆锥已经将缝隙连接好，并使用夹子固定直至胶水干燥。另一个圆锥可以沿顶部切割来得到，如图中环绕在圆锥顶部的虚线所展现的那样。

粗略的圆锥 2

修剪的时候可以使用一个圆形的模板，让它套住这个圆锥，画出轮廓，根据需要进行切割。如果要进行有角度的切割，则可以将模板倾斜，然后围绕着圆锥画出轮廓。

切割和雕刻形体

为了快速组装，可以在台锯或者带锯上切割木块和聚苯乙烯泡沫塑料来得到多种形状。聚苯乙烯泡沫塑料还可以用电热线锯切割。建筑工地中的废木料，用于这种类型的组合能有很好的效果，并且相对便宜。

有关设备和木材类型的更多信息，见附录"其他材料"一节。

用带锯切割出的各种形状

可以很容易地用带锯切割出各种形状的木块。同刀子一样，带锯可以进行粗糙的切割，但是速度要快得多。

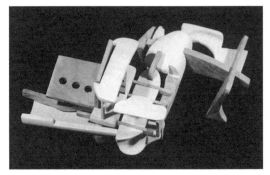

雕刻和打磨木材

如果时间允许的话，木材可以被切割、打磨或者雕刻成你能想象出的任何形状。

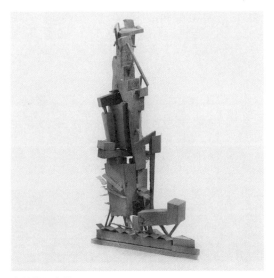

高耸的组合模型

这是一个高耸的塔状建筑物的模型，用由带锯锯出的木头、轻质木杆和刨花板制作而成。

聚苯乙烯泡沫塑料

块状材料可以用锯切割成各种形状，然后用锉刀打磨。它们也可以被覆盖上石膏。（注：使用细腻的、颗粒均匀的体块，比如那些专门用来制作模型或者用作插花底座的泡沫塑料。）

雕刻聚苯乙烯泡沫塑料

这个聚苯乙烯泡沫塑料模型用电热线锯雕刻而成，经过平滑打磨，得到较高标准的光洁度。

切割和雕刻木材

　　各种价格适中的手动和电动工具，都可以用来切割并磨光木质模型部件。下面的插图提供了各种工具是如何切割和使木块成型的。（注：虽然没有展示电钻，但是它有多种用途。可用于切割与钻孔。）

雕刻木材

使用电动工具切割出粗略的形状之后在草模上进行雕刻，就可以得到想要的形状。可以使用业余的小凿子，但是专业的木料雕刻凿子会使这项工作进展得更快。

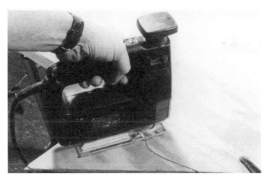

切割曲线

曲线可以在椴木或是其他板材上用便宜的竖锯切割出来。这些锯切割木材的厚度限于 3/4 英寸（1.91 厘米）。较薄的材料还可以使用金属切割刀片进行切割。

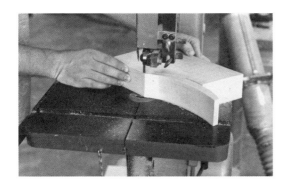

切割出粗略形状

在切割和打磨之前，使用带锯制作粗略形状是最为快捷的方式。根据锯床的不同角度可以完成复合曲线的切割。

打磨木块

木块可以使用带式砂光机，选用粒度为 100 的砂带进行光滑打磨。在许多应用中，通过砂光机使木块成形比使用雕刻凿子可能会更有效。

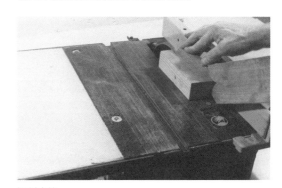

切割木块

在台锯上，可以很容易地将大块木材切割成小木块。（注：当木块接近刀刃时，使用一根木杆向前推动要切割的木块，如图所示，不要用手推。）

用石膏和锚固水泥制作建筑模型

模塑石膏是一种用途广泛的材料，可以用来制作各种形状。它很便宜，成型速度快，而且可以被打磨出光滑的表面。

使用石膏制作的过程会把工作环境弄得非常凌乱，最好在一块一次性的表面上进行工作。

锚固水泥与石膏相似，可以用它来模拟混凝土，而且它比石膏更坚固。在许多情况下，它需要进行内部加固处理。

可以使用的几种方法有：

■ 制作出形体，然后遮盖它们。

■ 遮盖现有的形状。

■ 倒入模具中浇筑。

常规造型石膏

造型石膏灵活易用。混合时，先加水，再倒入石膏（过筛以避免结块），直到水面上露出一个尖，然后就可以开始搅拌石膏了。

锚固水泥

这是一种比石膏强得多的替代品，可以在模型尺度上表现出混凝土的特性。

石膏网布

石膏网布最适合覆盖金属丝形体，先把布浸在水里弄湿，然后再根据需要切成条状就可以了。

石膏模型

　　下面的例子演示了用石膏和预涂石膏的金属筛网来制作曲线形体的过程。

步骤 1

金属筛网可以使用剪刀切割，模制出理想的结构，然后用金属丝或者绳子将其固定在恰当的位置。（注：类似金属布这样的材料可以用于制作模型构架，但在使用石膏时，最好使用筛网对其进行覆盖。）

步骤 2

之后金属网之间用报纸填充，防止石膏直接落在筛网上。（注：如果落下的石膏不会对模型产生影响，那么这一步可以省略。）

步骤 3

制作出较稀的石膏混合物，然后将报纸条浸在石膏中并覆盖到模型上。通常情况下，石膏必须一次涂一侧，凝固后再把模型翻转过来涂另一侧。

步骤 4

在完成了纸层的涂饰并且固定之后，再混合一批较浓稠的石膏混合物，然后在纸上覆盖一层纯石膏。凝固之后，可以将此层打磨光滑。任何剩余的区域或者缝隙都可以用额外的石膏填充，并打磨光滑。

通常来说，我们会使用石膏网布来给断裂的骨头打石膏。这种产品通常可以在手工艺店或者药店中找到，它比传统的石膏更容易控制。这种布料的一个常见类型在工艺品商店中以严格的包装形式出售。

从例子中可以明显看出，比起传统的石膏，这种产品有着更好的初始光滑度并且浪费较少。稀释的白乳胶制成的"混凝纸"也能达到相似的效果。

步骤 2

有了纱布衬底就不需要用纸来支撑筛网了。通过将额外的材料层交叉放置，可以使形体获得更大的强度。

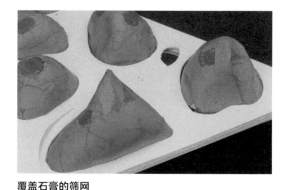

覆盖石膏的筛网

这些形体是以和覆盖金属网结构相似的方式制作出来的。把筛网放进一个成型的洞里并塑形，然后用蘸过稀释白乳胶的用牛皮纸制成的"混凝纸"覆盖。

步骤 1

从覆盖了石膏的纱布卷上切割出条带，然后浸入水中用来遮盖筛网。

步骤 3

在形体定型之后，用一层纯石膏覆盖在表面以填补粗糙的区域。待完全凝固之后，可以将这层石膏涂层打磨成均匀光滑的表面。

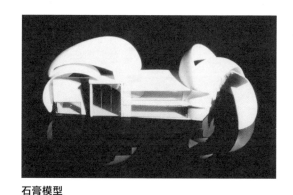

石膏模型

这种模型的制作使用了类似于覆盖时的一些技术，一系列弯曲和扭曲的壳体部件均被单独加工和打磨，并组装到一个模型中。

遮盖聚苯乙烯泡沫塑料

通常使用石膏来遮盖聚苯乙烯泡沫塑料多孔的表面,以使其与纸制模型材料(例如展板纸板)更相配。一旦石膏凝固之后,便可以用砂纸将它打磨得更光滑。

覆盖石膏的球 2

将此球打磨光滑。石膏很容易堵塞砂纸,通常需要多张砂纸以完成最后的磨光工作。

覆盖石膏的碗

这个椭圆形的表面覆盖了一层薄薄的石膏。(注: 该形状是用一块聚苯乙烯泡沫塑料雕刻而成的。)

覆盖石膏的球 1

在球的表面遮盖了一层石膏。通常先在一侧开始涂抹。在这一侧固定之后,再涂抹另一侧。

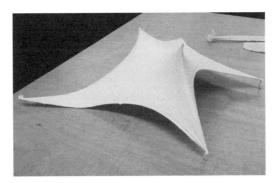

涂过石膏的布

把棉布用绳子和支柱固定在某处能够做成张拉结构。然后用一层薄薄的石膏混合物覆盖在布上,把布浸透。这能做出一种坚硬的结构。

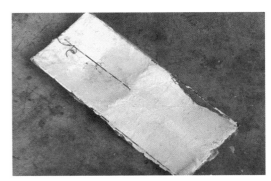

一个石膏表面

在一根金属线上拉伸筛网,然后用石膏将它覆盖,制作出这个扭曲的平面。(注: 在这里用纱布替代报纸支撑石膏。)

刨花板涂层

现有的形状可以覆盖上一层石膏,使它更有质感,或者是为了与白色的纸更匹配。填泥料或者预先混合了片状岩石的涂层混合物也可以实现此效果。通过将少量的粉末染料与石膏或填泥料混合,可以调出完整的色调。刨花板被用作底座,因为它多孔的表面能吸附石膏。尽管这种材料提供了一种最简单的背衬表面,但它并不理想。石膏中的水分会导致这种材料失去它的原有结构,表面附着力也是如此,以至于石膏干燥之后可能会剥落。通过使用较重的材料、加固手段或者在表面上粘贴布以提供额外的附着力,这个问题可以得到部分缓解。

在刨花板上涂抹石膏
石膏可以直接涂抹在刨花板上并打磨光滑。为了达到一致性,可能需要重复涂抹几层。

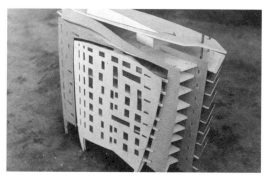

一个石膏模型的侧面
这个建筑物的侧面用水泥覆盖以产生一种带纹理的表面。（注: 其中一个图层使用了整体的颜色以提供对比。）

石膏等高线模型
尽管等高线模型可以用石膏覆盖, 不过也可以制作出这个场地的一个负模, 然后用石膏浇筑出来。见本章"用石膏和树脂模具浇筑模型"一节。

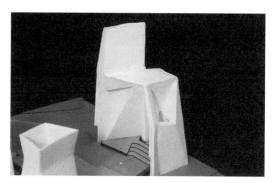

石膏模型表面
上面的模型是用刨花板做的, 用石膏覆盖来达到类似石膏制成的效果。

用石膏和树脂模具浇筑模型

可以将石膏灌注到铸模中，以制成各种形状。在制作若干相同形状和整体曲面模型（固体）时，使用浇筑石膏的方法特别有效。

铸模就是要制作出所需形状的负模，这种方法类似于浇筑混凝土的成形工艺。而且混凝土的浇筑模板充满了建筑的设计思想。

到目前为止所讨论的过程在本质上是可加的。也就是说可以通过附加各种附件建立起形状和结构。而铸模的过程与此不同，在一个物品成形前，它必须先建立起它的反面或者说"负"结构。

然后再将石膏灌入这个模具中以产生一个"正"形状。这些结构可以被浇筑成实体或者用布作衬，创作出"薄壳"形体。

下面的项目是使用浇筑工艺制作的。后文将更详细地介绍基本的浇筑和铸模工艺。

多重结构

这个用于多层研究的多重结构是使用线框模具制作的。从铸模中取出连续灌注成形的3层部件，并将这3层部件成串地固定于3根柱子上。

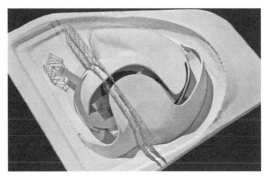

粉末打印模型

这个模型实际是3D粉末打印机制作的。相似的壳体形状也能用石膏来做。方法是连续浇筑石膏并沥干多余的部分，直至壳体达到一定的厚度。

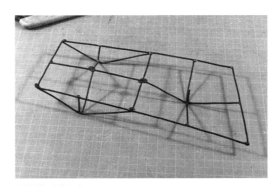

制作模型的框架

在上图示例中，使用胶带覆盖框架用来创建石膏模具。（注：这个模具涂上了凡士林油，用于防止石膏粘连。）

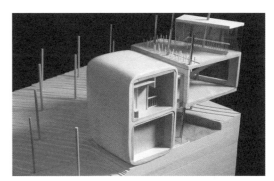

玻璃纤维模型

类似于船舶建造，这个模型由玻璃纤维片和树脂制成，需要使用几层薄板，并在最后涂上一层聚氨酯涂料，然后进行打磨和上漆，使其表面光滑。

基本浇筑

浇筑石膏和其他材料涉及了铸模和负空间的使用。这个形体是你想制作出的形体的相反面或者说是"负"的形体。例如，如果想要一个半球体，那么这个模具就是一个碗。

为了取出铸件，模具必须能够变形或者略成圆锥状，如果侧面有凹槽或有过多的纹路，那么铸件很有可能会卡在模具里。需要使用脱模剂以防材料粘在模具上。可以事先在模具上擦上一层薄薄的凡士林，或者喷上一层气雾剂形式的食用油。

浇筑树脂和模具

从硬树脂铸件上将这个模具剥离。树脂具有非常光滑的表面和光洁度。它作为一种透明的铸造树脂也可以在工艺商店买到。（注：根据需要，可以将各种颜色的染料加入透明的树脂中。）

加固铸件

金属线和金属杆可以插入未干燥的石膏中，以加固铸件，这像混凝土中加入钢筋一样，为材料提供抗拉强度。

灌注树脂

按照产品混合说明，将树脂与催化剂混合，之后灌注到一个可剥落的塑料模具中。不能使用普通的脱模剂，因为它们会与树脂发生反应。

浇筑铸件

石膏被灌注到一个喷涂了脱模剂的松饼煎锅中，这个模具是很理想的，因为它略呈圆锥形。如果是倒圆锥形，那么铸件就无法拔出了。

铸件和负模

大约30分钟之后，石膏就可以从模具中取出了。（注：石膏的"正"结构与模具的"负"结构相反。）

铸造模具

铸造模具或者称作"负模"的制作可以使用各种材料。不必非常精细，只要它们能容纳石膏，制成需要的形状即可。

本页的这些例子就介绍了许多方法。

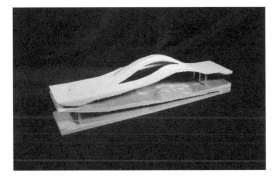

沙模

沙子可以填充到盒子模具中，沙子能被塑形，然后在顶部浇一层锚固水泥。完成以上步骤后，可以将沙子倒出，这样可以建立连续的层来创建多级结构。

石膏场地模型

这个模型是用黏土和其他材料制作的，用来放置铸件。

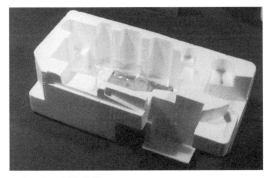

用常见物品制作的模具

有趣的模具形状可以在包装的垫片和其他常见物品中找到。灌注后形成的形状必须是"负"形状翻转后的形状。

塑料模具

可以购买透明的塑料模具或者在各种包装中找到塑料模具。这种模具材料可以从铸件上剥落，并允许使用有限的"咬边"。

在木盒模具中浇筑

如图所示，可以将侧壁钉到一个底板上或者用重物固定住侧壁，来制作一个木盒模具。所有高出盒子侧壁的物体所占的空间将会变成贯穿铸件的孔。（注：已经喷涂上脱模剂。）

塑性材料

例如"利泽拉"黏土和橡皮泥这样的塑性材料,很容易塑造复杂的雕塑形状。这两种材料相比,通常会选择橡皮泥,主要是由于它不会变干和开裂。除此以外,由于它不是水性材料,故还经常让其与纸质材料搭配使用。

用塑性材料很难有坚硬的边缘,而且它们通常需要用金属丝或者木质支撑物来维持其形状。然而,它不需要制作负模(在浇筑石膏模型时是需要的),并且取出部件相对容易。

黏土可以用雕塑工具加工,如切割环和造型棒、刀和磨光板。

对于那些在手工塑造后会变硬的材料(如造型黏土),可以在普通的家用烤箱中成型和烧制。造型黏土是陶瓷制品的主要原料,在工艺品商店就能够买到。

塑性的场地模型
塑性的场地模型可以按照真实的场地制作,并用于快速研究。(注:从这种类型的场地模型上很难传递出最终的坡度变化。)

使用橡皮泥塑型
在悬臂凸出物内插入金属线或木棒,将它与模型的主体连接起来。当材料微温的时候更容易处理。用手制作模型有助于将身体的热量传到材料上。

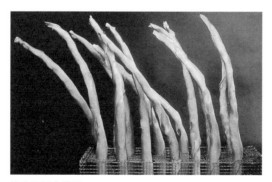

橡皮泥概念模型
黏土材料的可塑特性有利于理解记者马乔里·斯通曼·道格拉斯在《大沼泽地:草地之河》(*Everlades:River of Grass*)一书中对"空间"解释。

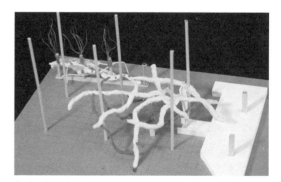

橡皮泥等比例模型
橡皮泥非常适合3D模型的制作与设计探索,就像这个小模型一样。

第九章

组合案例研究
组装技术分步案例研究

本章介绍的 3 个案例描绘了从早期概念阶段到最终模型设计方案的演变。在第七章和第八章作过介绍的许多组合技术和方法都展示了在不断推进设计的背景下有许多可能的应用。

实例研究 A: 住宅

阶段 1 初始概要研究

思路

根据设计者大脑中的设计参数，根据小型的已确定比例的示意性绘图以及铅笔草图制作出可替代的概要模型。在探索了不同的方法生成创意之后，选择一个单体或者混合模型进行进一步的拓展。

组合

使用刀、剪子和热熔胶的快速建模技术。

项目

一座坐落于一块狭窄预留空地上的面积为 2000 平方英尺（185.8 平方米）的住宅。

比例尺: 1∶192

模型尺寸实际大小为 2 英寸 ×3 英寸（5.08 厘米 ×7.62 厘米）。在初期研究时模型做得比较小。[注: 即使在这一比例下，这个模型也没有做成一个组合模型，而是作为一个实体（中空）模型处理的，这样可以使设计者理解开口对整体形态构成的影响。]

材料

- 海报板。

- 0.0625 英寸（0.16 厘米）厚泡沫芯。

图解

以下提出 5 种备选方案，用来产生想法，并探索一系列的可能方向。使用小的标准示意图开始制作模型，每一个模型都使用了一个基本的结构思路来组织其行动。

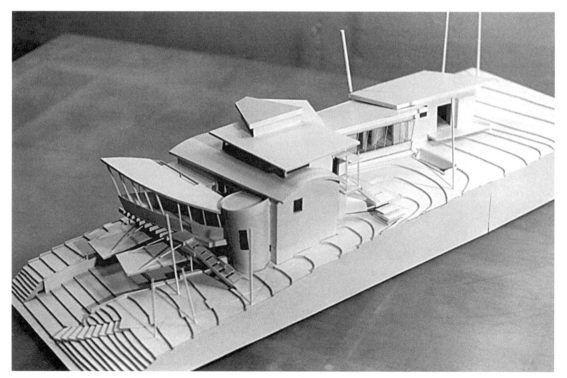

住宅模型照片

备选方案 1

这个方案被组织成一个线性群组。很明显,这个设计需要另外一层"皮"来保留其院落空间。

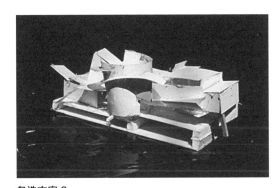

备选方案 3

这个方案将中心鼓状物作为其组织的焦点,并使用单层墙体解决方案,遮盖了整个可建造区域。

备选方案 5

该方案采用了一个由双层天桥界定的庭院。

备选方案 2

基于备选方案 1,这个方案将设计集中在另一个线性侧载组织的第二层。

备选方案 4

这个方案涉及两块空间,所有其他的空间都是从这两块空间扩展出来的。经过修改,这个方案被选中用于进一步研究,并制作了拓展模型。见第220页"阶段 2 处理和聚焦"一节。

阶段 2　处理和聚焦

思路

概要模型的大致方向是进一步放大比例，以便对方案进行更加深入的研究和拓展，但也考虑到了用于这个模型不同部分的替代性解决方案。

组合

这个模型用相对快的速度组合起来，但是比概要模型更为精确。各部件用白乳胶轻轻地粘贴起来，以便随着模型的发展而切割和更换组件。在这个模型的制作过程中展现了许多构建和编辑技术。

项目

一座坐落于狭窄预留空地上的面积为 2000 平方英尺（185.8 平方米）的住宅。

比例尺：1 ：96

概要模型的比例被放大 1 倍用于这一阶段的研究。比例的放大有利于对模型进行更多的细部处理和改进，但是模型仍然相对较小，不足以适应快速地修改和可视化。

材料

- 双层展板纸板。
- 0.0625 英寸（0.16 厘米）厚泡沫芯。

图解

备选方案 4 从开始的研究中被挑选出来，并被重新制作以便进一步研究。初始模型后面的凸起部分被降低到与地平面相同的高度。"尾"部被修改了几次，以便探索不同的效果。

在此研究级别中，拓展模型只有展示出所有的实体（中空）关系，才能给下一级别研究提供信息。

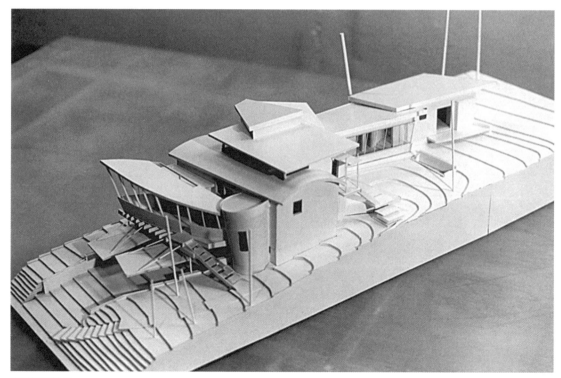

住宅模型照片

步骤1

用刀子将平面图转换为用作基座的薄板。(注：尽管可以根据确定了比例尺的平面图做出精确的部件，但是必须进行调整，以弥补材料厚度引起的差异，并适应真实模型中出现的微小变化。)

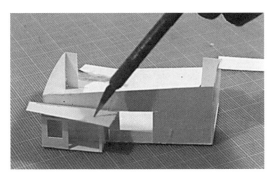

步骤2

在刀尖的帮助下墙壁被竖立了起来，小型部件也被安置在恰当的位置上。

步骤3

圆锥形楼梯塔顶从模型上直接制作出模板。因为这个形状在曲率上有所变化，故直接模板化是实现精确拟合最可靠的方式之一。

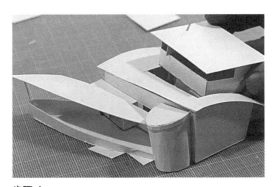

步骤4

第二层被固定在适当的位置上，为弯曲的屋顶平面制作了一个粗略的模板。

步骤5

调整这个粗略的模板，重新切割部件，直到它能准确地进行装配，才能制成成品屋顶。(注：对于那些在三维上改变几何形状的结构，很难第一次就切割出完美的形状。)

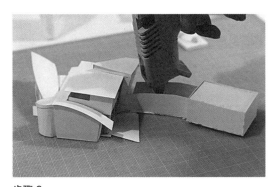

步骤6

初期的"尾"部侧面建筑是用热熔胶枪固定在一起的。

221

步骤 7

用剪刀来修剪尾部。

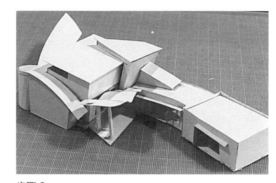

步骤 9

遮蔽性附加建筑和最终开口形式。

步骤 11

这个改动效果不佳。切割下来的楔形被重新粘贴到原来的盒子上。（注：如果修改不能令人满意的话，要保存所有切割下来的部件以便复原。）

步骤 8

在模型上直接切割开口。（注：如果需要的话，可使用小三角尺来引导刀刃实现精确切割。）

步骤 10

从盒子里挖出一个楔形来测试尾部的另一个角度。

步骤 12

尾部的墙被开了口用来研究其他布置形式的可能性。

步骤 13

使用剪刀直接在模型上剪切部件，将注意力放到调整建筑物的正立面上。（注：应注意环顾整个模型，以确保一个区域相对于其他区域不会被过度开发。）

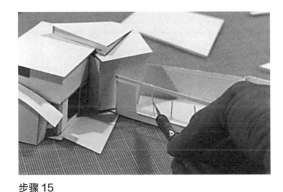

步骤 15

回到模型的后部，设想了第三种立面，同时尾部再一次被重新制作。最终的部件被重新切割，以便与其他部分的完成水平相匹配。

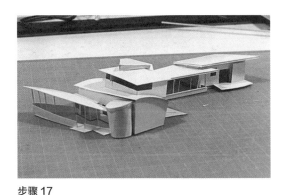

步骤 17

完成后的拓展模型被展示出来。（注：这个模型并没有涉及场地，尽管在概要模型阶段已经包含了场地，并且探索了建筑与场地之间的关系。）

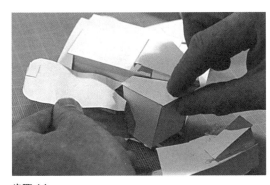

步骤 14

重新设计了主体和尾部之间的楼梯间。

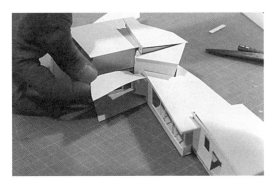

步骤 16

当调查研究接近完成时，考虑使用备选的露台遮盖物。

阶段 3　最终模型和场地

思路

建立起基本关系后，模型比例将再次放大，并构建更高的精度。表现（最终）模型也可以被认为是一种研究模型的高级形式，因为它提供了设计细节，例如：窗户样式、场地环境、内部和屋顶处理方法。

组合

此示例中包括许多适用于最终模型的新工艺和新材料。

项目

一座坐落于狭窄预留空地上的面积 2000 平方英尺（185.8 平方米）的住宅。

比例尺：1：48

这是一个完全拓展的住宅模型的典型比例，因为它能够提供足够的尺寸来进行细部处理。

材料

- 三层展板纸板。
- 0.1875 英寸（0.48 厘米）厚泡沫芯。

图解

此模型是作为一个实例而构建的，即为了体现用于正式展示的模型水平。抽象的细部处理依赖于仿真材料。那些在 1：48 的比例下小于 2 英寸（5.08 厘米）无法准确再现的构件没有被包括在内。

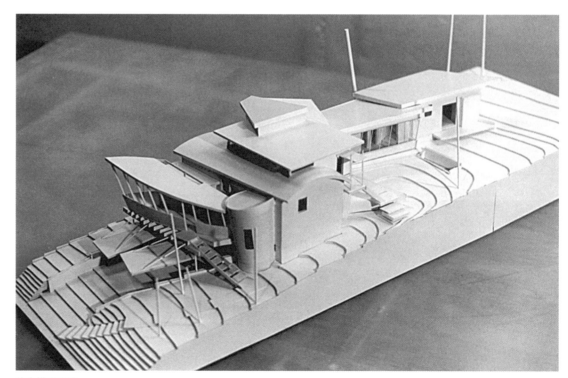

住宅模型照片

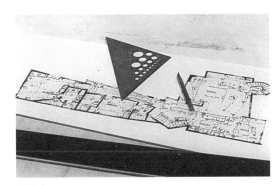

步骤 1

使用锋利的刀子，沿着平面图在模型基座的表面上轻微刻痕，这张平面图已经使用喷雾型黏合剂固定，并且墙线已转移。（注：需要在室外实施喷雾。）

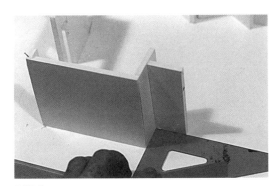

步骤 2

平面图已被去除，底部的墙沿着刻痕进行布置。三角尺用于保证角落连接的精确以及调整墙的垂直度。

步骤 3

使用大头针固定墙的连接处。这可以加速制作的进程，不必等到胶水完全干燥就能制作出连续的接合点。（注：拐角处的角度被切割成 45°，这样当两个墙面粘贴到一起时，不至于露出泡沫塑料芯。）

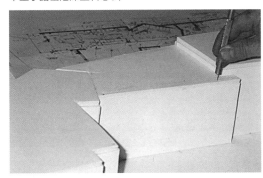

步骤 4

胶水干燥之后，就可以去除大头针了。如果大头针的头被其他部件隐藏起来的话，那么也可以将它推入组件之内。

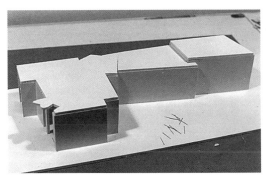

步骤 5

已完成的底座和首层。（注：场地等高线将沿着底座建立。）

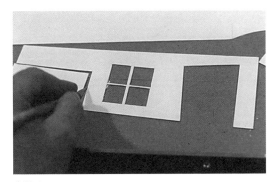

步骤 6

使用图纸制作建筑侧立面的模板，切割展板纸板时，只包括主要的竖框细节。

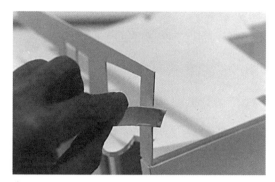

步骤 7

直接在墙的边缘涂上少许白乳胶。

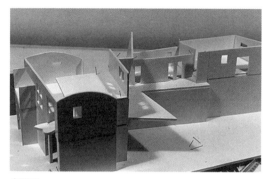

步骤 9

在这所住宅的基层上继续制作墙体。

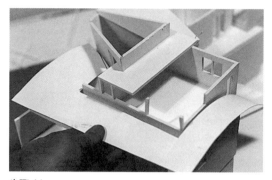

步骤 11

屋顶被安放在第二层。支撑结构允许设计者拿走屋顶和第二层，直接观察模型的内部。

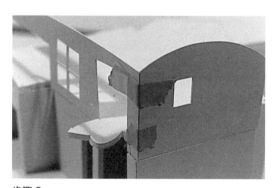

步骤 8

使用胶带固定墙的接合点，直到胶水干燥。

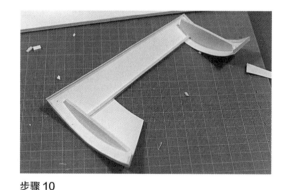

步骤 10

如拓展模型所示，切割一个大致弯曲的屋顶，使它能够恰当地装配。屋顶的最终切口使用隐藏的支撑来加固，以保持两端的半径。

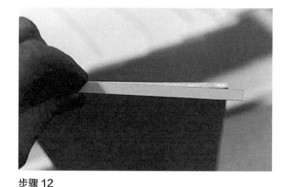

步骤 12

使用展板纸板将暴露的泡沫芯边缘遮盖住。在确定边缘的比例尺时，应依据设计的深度，而不应该使用材料给定的厚度，因为它的厚度可能会不精确。

步骤 13

在一个圆形记号笔上滚卷展板纸板以制作出一个圆锥形的入口塔。

步骤 15

使用废弃的材料，直接在模型上制作出圆锥形入口塔的屋顶模板。

步骤 17

模型主体已经基本完成，现在开始准备场地的等高线模型，见第七章的"场地加工"一节。

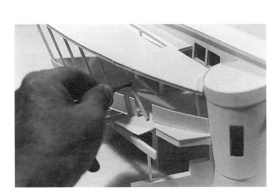

步骤 14

组装一楼沿街一面的组件。

步骤 16

添加细节，在这个过程中使用镊子来处理精细的组件。

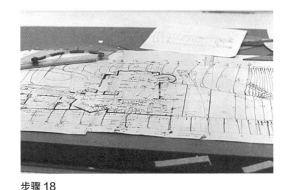

步骤 18

使用一个 6 英寸（15.24 厘米）的等高线图纸和 0.125 英寸（0.32 厘米）的泡沫芯，直接在模型上制作一个中空的场地等高线模型。在 1∶48 这个比例下，每层泡沫芯相当于 6 英寸（15.24 厘米）的坡度变化。

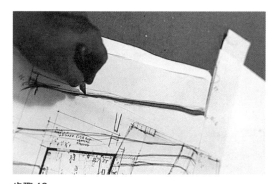

步骤 19

按照超出等高线 1 英寸（2.54 厘米）的投影范围进行等高线裁剪，将其层层粘在一起。

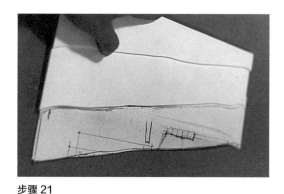

步骤 21

重叠的等高线层被一层一层地粘贴到 1 英寸（2.54 厘米）宽的接头区域上。（注：这种类型的场地模型可以从上到下地制作，而不是像制作立体等高线模型那样从底部向上制作。）

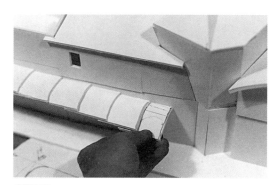

步骤 23

单个的等高线层被继续粘到住宅的另一侧。

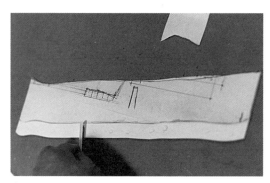

步骤 20

涂匀地涂抹胶水。（注：标记好等高线，不要将胶水涂到该区域之外。可以用纸张模板保护此处直到其粘贴牢固。）

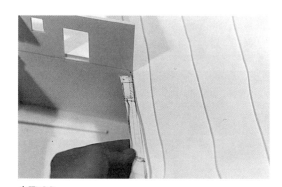

步骤 22

将等高线层粘好后，从下部开始连接建筑主体部分。

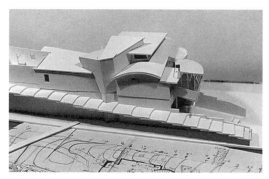

步骤 24

场地模型完成后的一侧。

步骤 25

另一侧同样完成,并且切割出一个槽口,用来制作场地的楼梯。

步骤 27

用刀尖在泡沫芯上钻出一个定位孔。

步骤 29

把泡沫芯切割到露出衬纸,并且刮干净,以便在拐角接合处隐藏泡沫。(注:也可以进行 45° 的切割,但是当接合点不能保证为 45° 时,这种工艺会很难控制。)

步骤 26

现在可以组合安装场地细部和辅助性的组件,如入口楼梯。

步骤 28

把切割下来的白色塑料棒粘在插槽中,作为顶棚的柱子。

步骤 30

上一步中加工完成的部件被安装在泡沫核心翼墙上,并且用干净的拐角连接有效地盖住了暴露的泡沫边缘。

步骤 31

可以用塑料片来制作玻璃幕墙，切割时先用刀子在上面刻痕，然后将其放在刀柄上折断。

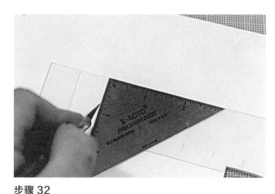

步骤 32

可以通过使用刀子划线或做标记的方式来制作窗棂，以便使用黏合剂设计胶带。

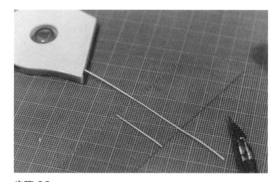

步骤 33

0.03 英寸（0.08 厘米）宽白色的黏合剂胶带沿着刻线粘贴到塑料片上并进行修剪，在 1∶48 的比例下模拟 5.5 英寸（13.97 厘米）宽的窗棂。

步骤 34

用刀子边在塑料片的边缘上涂上一条液体醋酸盐树脂玻璃黏合剂。

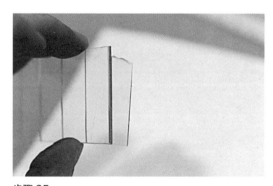

步骤 35

将幕墙和窗棂这两部分挤压在一起，大约在 1 分钟之后就会成型，操作简便。

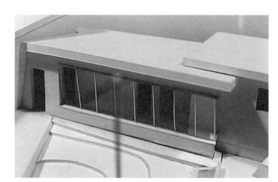

步骤 36

完成后的玻璃幕墙被安装在建筑物表面。

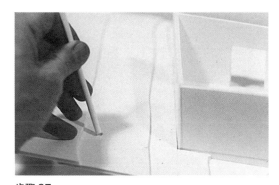

步骤 37

将较粗的塑料棒插到场地中，作为抽象的树。

步骤 39

增建内部组件。

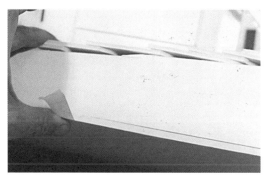

步骤 41

最后，安装等高线模型的简易内部支撑。（注：胶带纸用来将材料紧紧地拉住，直到胶水干燥。）

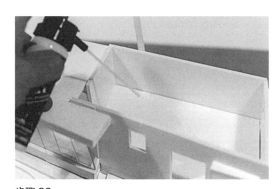

步骤 38

用压缩空气清洁模型内部。

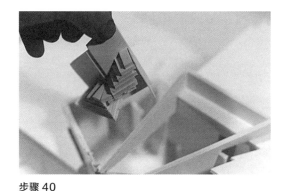

步骤 40

在循环塔中插入一组按比例缩放的楼梯。0.125 英寸（0.32 厘米）厚的层叠泡沫芯代表了每级 6 英寸（15.24 厘米）高的台阶。

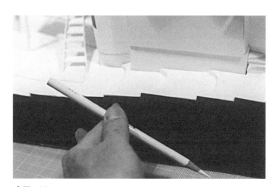

步骤 42

完成的展板纸板的侧盖依据等高线阶梯制作出来。

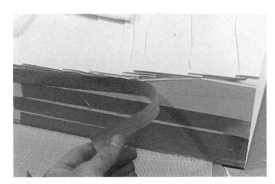

步骤 43

侧面使用特殊的黏合剂粘贴，从纸背一直贴到材料的表面。（注：大面积的水性胶水会使纸张变形，破坏干净的表面。）

步骤 45

制作第二层时考虑到模型需能被灵活拆装，以便清楚地展示厨房的木制品和生活空间。保持其他的屋顶可拆装的状态，有助于确定内部空间的特性。

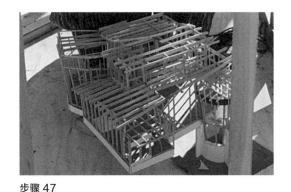

步骤 47

这项工程继续进行，同时分两部分制作了一个比例为1：24的框架模型（图中展示了前一部分），通过这个框架模型可以计算出所有的荷载和构件详图。在构建框架的过程中每天都要参考该模型。

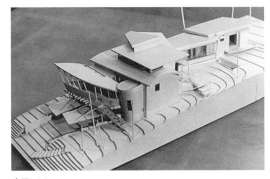

步骤 44

模型的侧面已经加工完成。（注：在粗糙切口上面添加饰面，可以将研究模型转换成最终版本，而不用重新制作，见第二章的"转换：更新模型"一节。）

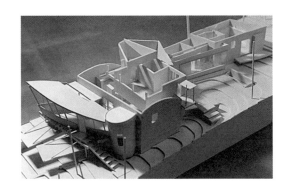

步骤 46

模型的其他部分可以敞开，以便展示各种室内组件。

步骤 48

可以将竣工后的住宅与构想模型进行对比。

实例研究 B: 雕刻铸造

组合

这个模型是小型最终模型, 演示了小塑料杆以及背景和场地建筑物的装配工艺。

项目

雕塑的铸件和教室(附加于现有设备)。

比例尺: 1∶192

选择较小的比例尺来适应场地环境和最低限度的细节设计。

材料

- 白色双层展板纸板。
- 白色塑料棒。

图解

最终模型的建立既可以进一步确认设计决策, 又可以更好地向客户展示, 也不至于被粗糙的装配所影响。

步骤 1

绘图信息通过刀子传递到模型基座, 并根据需要在模型基座上直接绘制附加线条。

步骤 2

随着模型制作的进行, 将检查线条的垂直度并进行调整, 以匹配那些外露的结构。(注: 打印时蓝图会被略微拉长, 如果不进行检查的话, 可能会导致最终模型的细部不匹配, 甚至无法对位。)

步骤 3

在建筑物内部的墙上粘贴了一条横木。(注: 屋顶超出的部分已经显示出下垂的迹象, 因为材料很薄而且跨度过大。在屋顶下面安装加固用的细条可以防止这种现象的发生。)

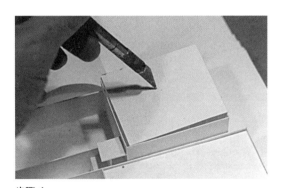

步骤 4

用刀子处理细小精细的部件。

步骤5

平坦的屋顶被放置在低于墙外沿的位置。（注：镊子可以帮助处理细小的部件。）

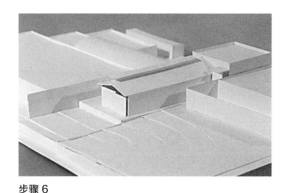

步骤6

初始的组合模型完成，桁架框架使用细塑料杆进行细部处理。（注：按照惯例应该把平坦的屋顶放置在低于墙外沿的位置，这样在模型上可以制造女儿墙的效果。）

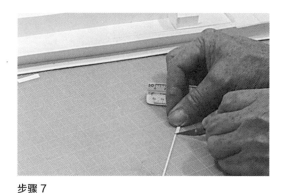

步骤7

细的塑料杆可以用刀子直接切割。较粗的杆或者棒必须先刻痕，然后折断或者锯断。杆的末端用砂纸打磨成光洁的方形平面。

步骤8

用刀子在接合点上点一滴黏合剂，就可以粘住塑料了。（注：将胶水涂在不粘材料的表面会很有帮助，比如塑料食品包装上。）

步骤9

桁架组件用白乳胶粘到了纸上。

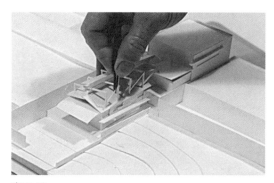

步骤10

安装随后的组件。

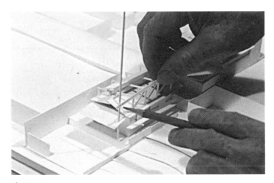

步骤 11

附加组件的确切长度可以从模型上直接测得。

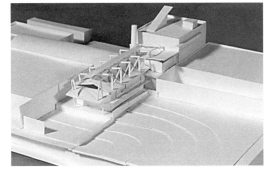

步骤 13

当侧面的光线使模型产生明暗对比时, 这个小型的最终模型也能够传达出丰富的信息。

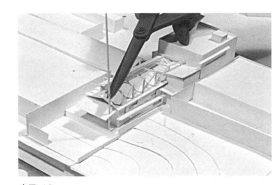

步骤 12

由于剪刀的工作方式会减少对精细结构的破坏, 所以在修剪部件时剪刀会很有用。

实例研究 C: 办公大楼

思路

概要模型可与基本比例图配合使用, 用来可视化总体的设计方向。一旦建筑有了雏形, 这个模型可以作为一个基础辅助可视化其他步骤。

组合

这个例子展示了制作多层建筑模型和玻璃幕墙的工艺。

项目

一座五层的办公大楼。

材料

- 海报板。
- 用塑料薄片代替玻璃。(注: 对于小模型, 可以使用较厚的醋酸盐材料, 由于它具有刚性, 用在大比例模型上也会令人放心。)

比例尺: 1 : 384

选用了一个小比例尺, 减小了建筑物的规模以适合于刚开始的概要研究。

图解

这个模型是用确定了比例尺的示意性平面图和草图生成的, 以便使设计方案的改进更直观。

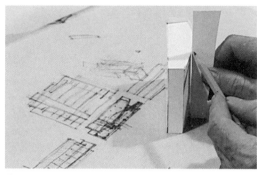

步骤 1

测量确定了比例的平面图和剖面图以获得初始的模型信息。弯曲的部件和其他组件在模型上直接测量, 以保证装配的适合度。(注: 出于制作速度的考虑, 在适当的位置使用了热熔胶。)

步骤 2

用一层很薄的喷雾黏合剂在硬纸板上粘贴了一张草绘出来的地板, 并且用刀子转绘线条, 之后去除纸质的平面图。(注: 应该在通风的区域来喷涂喷雾型黏合剂。)

步骤 3

根据原始平板刻画出其他平板的边缘, 这样可以保持切口的一致。

步骤 4

在堆叠的地板上刻出杆的中心标志, 然后进行钻孔。(注: 两根柱贯穿了四层地板, 以便将地板固定在恰当的位置上。同样, 也可以使用大头针来操作。)

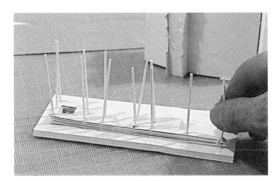

步骤 5

将柱子穿过地板。(注：四周的细杆上切割了凹槽，用来容纳地板线。)

步骤 7

将有机玻璃薄板切割下来当作中庭的玻璃，并且在上面贴了白色的艺术胶带作为窗框。用刀子和钢制小三角尺在醋酸盐薄片上刻痕。塑料片可以沿着刻痕折断。(注：尽量避免使用很薄的醋酸盐薄片。)

步骤 9

有机玻璃构筑物被恰当地装配到建筑物的主体上。

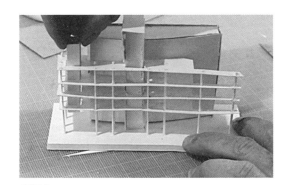

步骤 6

把地板抬高到它们各自的水平面上，并将杆插入插槽中。(注：在杆上面预先做了连接点的记号。将完成的这一组部件，连接到建筑物的主体上，然后插入其他的杆件。)

步骤 8

用涂抹刷涂抹黏合剂将有机玻璃组合到一起。

步骤 10

这个模型用于可视化屋顶元素。

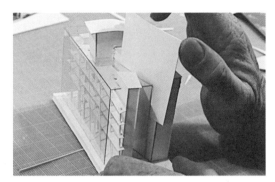

步骤 11

有机玻璃构筑物完成了，需封装起来的区域用展板纸板重新铺装，使得模型有一个更完美的外观。根据需要可以对一些部件有选择性地进行重新切割。但是重新修饰表面一般不会产生突破性进展。

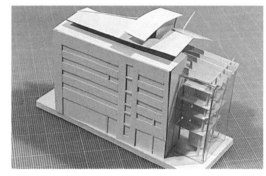

步骤 13

简单的阴影在小模型上可以产生更好的效果。（注：其他的饰面也可以切割下来并使用原来的切口继续提高模型的表面光洁度。见第二章的"转换：更新模型"一节。）

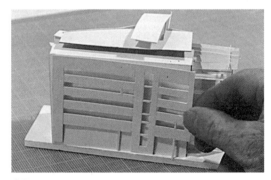

步骤 12

窗户开口从遮盖层上直接切割而来，并被应用于建筑物表面上。这种方法比在现有模型上切孔更实用。

第十章

工具
工具和材料

本章介绍了基础研究和制作最终模型所需的工具和材料。

工具

以下设备既包括适合构建大多数研究模型的基本工具，也包括一些用于金属丝和其他材料的更专业的工具。

基本工具

大多数模型需要的工具，都是一些基本工具。

拓展工具

雕刻形状所需的大多数工具与制作其他部分所需的工具类似。但是，当使用其他材料（如木头、金属丝、金属片和黏土等）时，某些专业工具会有帮助。

除了木工所需的电动工具外，大多数工具相对比较便宜。想要了解更多关于木工和金属工具（包括热电阻丝、钻孔机、带锯等）以及其他相关工具，请参见附录"其他材料"一节。

绘图工具

一组常用的绘图工具，多用于设计模型的局部组件。

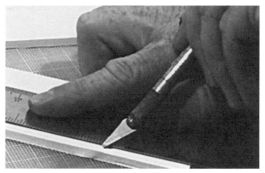

X-Acto 刀笔和 11 号刀片

常用的刀具，经常更换刀片可以保持刀具的锋利，成包购买刀片最便宜，通常一包 100 只。

钢尺

主要用来裁边。这种钢尺使用时应该用一块防滑的软木作为底垫。出于经济的考虑，也可以使用带有金属边缘的木尺，但要避免使用铝质的尺子，因为它会使刀刃很快变钝。

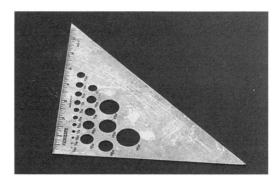

金属三角尺

用于直角切割和绘图。不巧的是，大多数的金属三角尺用铝制成，但某些供应商能够提供带有钢化边缘的塑料三角尺。

模型剪

用于快速裁剪和修改模型。

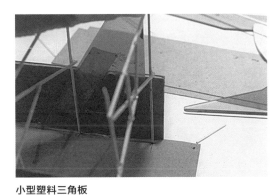

小型塑料三角板

用于调测或校平各部件，进而使组装模型更精确。

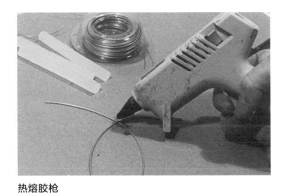

热熔胶枪

用于快速黏合部件，并可用于很难附着胶水的材料（如金属），但可能会比较脏乱而且不适于抛光工作。

白乳胶

常用黏合剂，用于粘贴大多数的纸质材料。如果使用恰当，胶水会干燥得非常快，同时材料又可以进行反复拆卸。

醋酸盐黏合剂

用于粘贴有机玻璃。将刀片末端带有醋酸盐黏合剂的部位在有机玻璃边缘慢慢移动，就可将黏合剂涂抹于有机玻璃的边缘上。

大头针

在胶水凝固的过程中，用来固定部件。可以将大头针制成加固部件所需的形状或用老虎钳切掉顶帽。

喷雾型黏合剂

用来粘贴那些会被白乳胶弄皱的纸质材料。在设计平面图的表面轻轻地喷上一层，就可以将它们做成模型底板。应尽量避免使用五金店的喷雾型黏合剂，因为它的黏性过强，不易平整纸张。

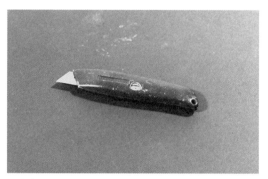

亚光金属刀

用来切割非常厚的材料，但这种工具的刀刃厚度不适合于精细的工作。

小型金属和塑料三角板

可用于将模型的部件对齐以进行黏合，并在模型上直接进行准确的修改。

制图胶带

在胶水凝固的过程中连接部件。应尽量避免使用单面胶带，因为它会把纸张的表面撕破。

末端被切除的小刻度尺

用于直接在模型上进行测量，在一根小木棒上标上刻度也可以达到同样的目的。

尖嘴钳

用于精密的工作，是一种便宜的辅助工具。

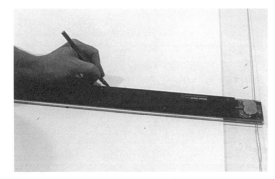

钢边平行尺

用于快速切割部件,在制作同种式样的多个样品时非常有用。

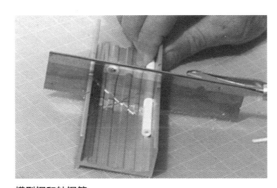

模型锯和轴锯箱

用于小块物体、棒和杆的平齐切割以及带角度的切割。

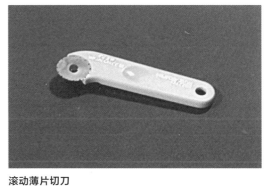

滚动薄片切刀

用于把绘图线转换到塑模材料表面,滚动切片沿着线条在塑膜材料上留下痕迹。锯齿切片的工作效果更佳。

砂纸

可用来磨平或者去除切口的毛刺。

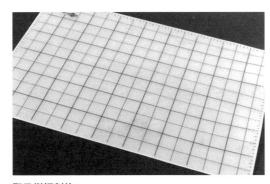

聚乙烯切割垫

用来保护制图板的表面。

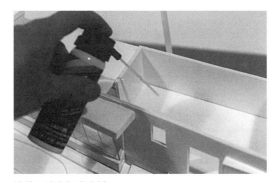

罐装压缩空气清洁剂

用来清除模型上的尘土,适用于难以够到的内部角落。

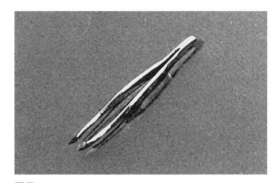

镊子

用来拾取细小、精密的部件。

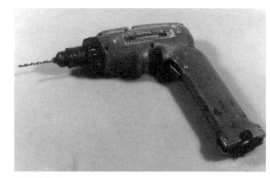

电钻和钻头

用于在楼板进行多层柱孔以及其他特殊孔的批量钻孔操作。

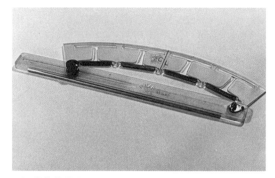

可调节曲线绘图尺

用来绘制光滑而有确定尺寸的曲线。

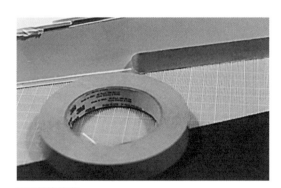

双面转换胶带

用来粘贴纸张，并且不会像白乳胶那样，把纸弄皱。

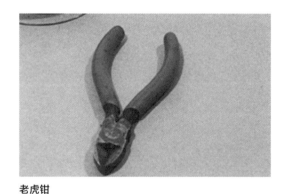

老虎钳

用来剪断大头针或者金属线。

锡焊枪

用来焊接铜丝和钢丝。焊枪可以提供高热量且能快速加热。在焊点附近加热金属丝，直到金属丝温度达到焊点以熔化焊料。使用松香树脂焊料时不要直接接触枪头。

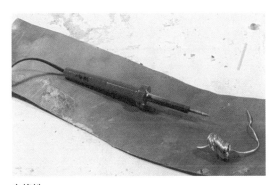

电烙铁

如图中的这种小型烙铁产生的热量较低, 但可长时间地加热金属丝。它价格较低, 是锡焊枪的良好替代品。

切割器和铁皮剪

切割器用来切割金属丝, 铁皮剪用来剪切薄金属片。所有很细的金属丝都可以使用金属剪。

雕刻刀具

若是雕刻木材, 可使用一系列的雕刻刀具。在软木（如椴木）上进行小规模加工时, 可以用便宜些的套装。重要的雕刻工作需要用到更大的专业刀具。

辅助夹

帮助固定部件, 以进行粘贴、干燥和其他工作。

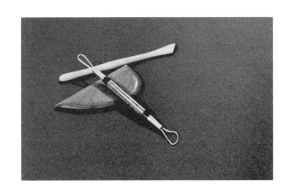

雕刻和塑形工具

雕塑环和雕塑刀是用来处理黏土和橡皮泥的。

平面锉刀

平面锉刀是对泡沫塑料块进行粗加工的理想工具, 但对于木质材料的加工效果有限。

材料

以下介绍的是在大多数建模中使用的基本材料，可选择的范围很广。但是，本书介绍的主要是廉价、易处理的纸板材料。

许多种材料都可以加工成模型。制作规则的多面体（如圆锥和球体）时，常规的硬纸板和金属片都很好用。对于不规则的曲面体，木头、泡沫、黏土、金属丝和石膏等材料更合适。想获得更多关于处理木头、金属和塑料的相关内容，请参见"附录"。

选择材料时要考虑的因素

包括模型制作的速度、预期的修饰和研究程度、在模型尺度范围内，材料保持形状和跨度的能力、缩放组件的厚度等。

建模常用材料

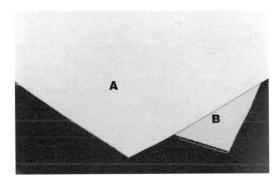

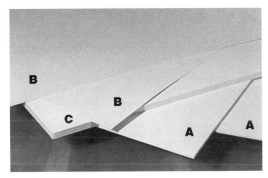

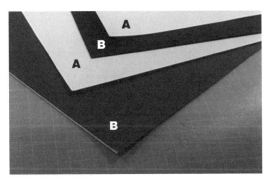

A——灰色硬纸板

■ 可分为两层或者四层。

■ 廉价。

■ 易于切割。

■ 适度的跨度。

■ 较厚的纸板,不易切割。

■ 表面光滑。

■ 可以替代白色纸板。

B——瓦楞纸板

■ 薄片的厚度通常是 0.125 英寸(0.32 厘米)。

■ 粗糙度高。

■ 它是白色纸板较好的替代品。

■ 价格便宜且易于切割。

■ 具有更大的空间跨度。

■ 反映了中型到大型模型的材料厚度。

■ 如果去掉表层,就可以模仿有纹理的表面。

A——泡沫芯

■ 在厚度上有 0.0625 英寸(0.16 厘米)、0.125 英寸(0.32 厘米)、0.1875 英寸(0.48 厘米)、0.5 英寸(1.27 厘米)可供选择。

■ 表面光洁。

■ 易于切割。

■ 适合于较大的比例尺。

■ 能匹配不同的厚度。

B——白色展板纸板

■ 在厚度上有两层、四层、五层和六层等几种选择。

■ 表面光洁。

■ 相对较贵。

■ 易于切割。

■ 较薄的板不适合大跨度。

C——轻质盖特纸板

■ 一种类似于泡沫芯的厚而坚韧的纸板。

■ 主要用于模型的底座。

■ 表面经过抛光。

■ 很难切割。

A——海报纸

■ 类似于薄的展板纸板。

■ 廉价。

■ 在杂货店或者办公耗材商店就有出售。

■ 表面可以进行适度的抛光。

■ 适合于小模型。

■ 容易切割。

■ 跨度较小。

B——彩色磨砂纸板

■ 类似于四层的硬纸板。

■ 沿着轧槽进行切割。

■ 跨度好。

■ 可用于搭配颜色或形成对比。

■ 边缘应该以 45° 斜接在不完整的彩色板上。(注:应尽可能使用没有色差的完整的彩色板。若颜色不一致,彩色板的白色边缘会严重影响模型的外表效果。)

塑料和木质造型棒

横截面有正方形和长方形两种形状，材质是椴木或美洲轻木。

塑料和木钉

有各种大小和长度。

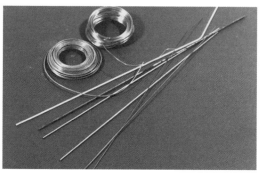

金属线

白色塑料皮金属线。按材质可以分为铜、钢和铝线卷。在需要直线的情况下，优先选用直线造型线或"琴钢丝"。

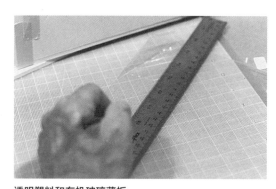

透明塑料和有机玻璃薄板

用来模仿玻璃。从模型商店或供应商处可以找到薄的有机玻璃，便宜的画框薄片也可以使用。应尽量避免使用薄的醋酸盐薄片。

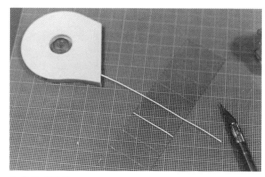

白色美术胶带

用来模拟窗子的边框。0.03 英寸（0.08 厘米）宽，还有更小的尺寸。

缝合线

拉直后可以模仿管线或者细杆。

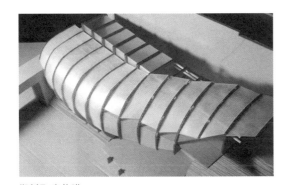

塑料聚酯薄膜

塑料聚酯薄膜易于切割, 也可以作弯曲的半透明面板。

搪瓷喷漆

用来喷涂模型或者木棒。搪瓷喷漆可以用作纸板上的一层底漆, 防止其变皱。

板材

薄的铜铝金属板能做出许多特殊形状。

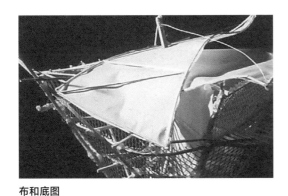

布和底图

底图或者浅色的布可以用来形成表面和模拟半透明的薄膜。这些材料可以根据需要进行扭曲和弯曲。

金属板

薄金属板可用于制作平面和弯曲的形体（详见"附录"）。

金属网布

金属网布和筛网可用于制作复合曲面。

木质造型板

木质造型板有轻木、椴木和薄胶合板，都可以用来裁剪不规则的形状。

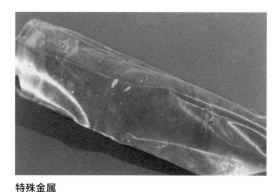

特殊金属

较重的金属片可塑形。这些可以从铝制和铜制屋面材料以及镀锌金属管道材料中获得。

建模用黏土

几种类型的黏土可以用于制作雕塑品或小体量模型的研究。

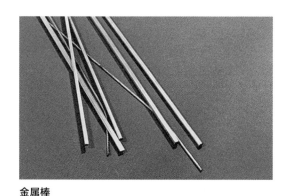

金属棒

不同种类的铜棒和铝棒可作为结构部件焊接在一起。铝丝有时也很好用，不过"琴钢丝"还是最常用的类型。

调配材料

几种类型的铸造和液基成型材料是可用的，使用最普遍的是建模石膏。稀释的白乳胶制作的"混凝纸"和石材混合物也很好用。

切割、雕刻及塑形

简单的木块和泡沫塑料块可以作为雕刻各种形状的基本材料。

常见物品 1

常见的物品都可以用来制作模型。饮料杯、纸筒、泡沫塑料、橡皮球和包装袋等都能被使用。

树木材料 1

圆的聚苯乙烯泡沫球被应用在建筑模型中。

树木材料 3

青苔被作为模型材料来出售，也可以在沙质土地上找到。

常见物品 2

常见物品也可以与其他物品组合使用，比如旧工具、器皿、家用物品和电子零件等。

树木材料 2

小型的干燥开花植物或者西洋蓍草。

树木材料 4

纸和聚苯乙烯泡沫塑料层状物。

树木材料 5

木制或塑料杆件。

树木材料 6

作为插花底座出售的密实泡沫，可以在模型用品店买到。

附录
继续探索

附录进一步提供了有关其他媒介材料、模型尺寸转换、摄影以及详细演示模型的更多信息。

其他材料

本书中的大多数模型都是使用纸板材料制作的，这些材料的优点在于廉价、组装速度快、易于修改。因此，它们是大多数研究模型的理想材料。但在某些情况下，使用木材、金属、塑料和石膏等材料来制作模型会更加有利。

这些材料可以结合起来作为一种构件组建的快捷方式，或被用于表达。尽管它们不能完全反映出一比一组件的性能，但借助它们可以对材料特性有更好的理解。

塑料和泡沫材料

对于塑料材料（如有机玻璃），适用于加工木材的工具同样适用于这些材料。有机玻璃可以使用台锯或者带锯进行切割，带式砂光机可以用于磨光表面和边缘定型。如果想要得到光洁的边缘，则需要使用电动磨光轮。用来磨光的砂砾混合物可以按粗糙度分成三级进行购买，并分别安装在磨砂轮上以供使用。先使用粗颗粒混合物打磨，之后换为中粗的，最后换成细颗粒的，这样边缘就可以被打磨光洁了。

聚苯乙烯是一种高密度的泡沫，适合于切割和塑形，可以由于制作速成的雕刻结构。块状或者片状的材料可以使用胶水将其层压在一起形成大型的部件。尽管这些材料可以使用手锯或者电锯切割，也能使用锉刀类工具塑形，但用热电阻丝切割机加工更精准。热电阻丝切割机是通过一根拉直的热金属线切割泡沫的。这些片状物可以用手固定或者通过类似台锯上的机械导杆支撑，切割后打磨，使表面平坦。

聚苯乙烯模型
组成这个模型的泡沫块，已用热电阻丝切割并打磨光滑。

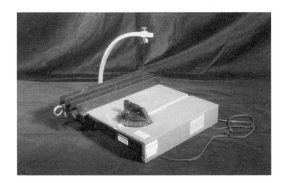

热电阻丝切割机
该设备加热一根细金属线从而使泡沫在穿过它时被切开，就像带锯一样。

木材

用木材制作的建筑模型通常是做工精美的展示模型。对于研究模型和简单演示模型，木材的用途也很多。对于组合模型与雕刻形体，可以用带锯将木块快速切割，之后用砂带打磨机将其打磨光滑（见第八章的"切割和雕刻形体"一节）。如右图所示，用轻质的木片和木杆也可以加工成最终模型。

材料

对于简单的模型，木棍和软木屑能起到很好的效果。带有均匀纹理、软度适当的木材，比如红木和椴木（让人感到惊讶的是它被归为硬木），非常适合于高级的最终模型。这些材料中的许多品种都可以在模型商店里买到。然而，对于较大的红木和椴木，最常见的获取途径是硬木材供应商。此外，也可以通过将较小的木块进行胶合层压来制作较大的木块。

（1）木杆

■ 轻质美洲木——廉价，切割容易。

■ 椴木——较贵，但是用作支撑结构时比轻质美洲木更好，并且末端可以精确地打磨。

■ 红木——常用于丰富色彩，其特性与椴木相似。

■ 橡木钉——必须锯切整齐。

（2）木片

■ 轻质美洲木片——具有光洁的外表，容易切割，延展性较好，并能反映中小型模型的材料厚度。

■ 建模胶合板——与轻质美洲木有相似的特性，可以使用电锯切割，不需要精确切割时可以使用美工刀切割，然后再打磨光滑。

木块

■ 轻质美洲木。

■ 椴木。

■ 红木。

■ 松木、云杉、雪松、冷杉——普通的软木用于住宅类建筑，足以满足研究模型的要求。

木质模型 1

图中是一个典型案例，模型平面是由薄椴木片和建模胶合板制成的。

木质模型 2

模型曲面是用薄胶合板做的。将胶合板浸泡在热水中使其弯曲，然后用夹子固定好直至干燥。

木工设备

对于轻质木片和所有的细杆，都可以使用简单的X-Acto刀片和造型手锯进行加工。其他的木质材料（尤其是木块）加工需要用电动工具或者雕刻刀。

加工木材的基本电动设备包括台锯、带锯和某种形式的带式砂光机，这些工具都比较便宜。

雕刻外形时可以先用电动工具对形状进行粗加工，然后再用雕刻工具和电动砂光机进行进一步刻画，并完成造型。

台锯
一种便宜的 8 英寸（20.32 厘米）的台锯。在像这样的低端面台锯上，切口不够精确，需要用直角尺确认形状。

带式砂光机
手持家用型或预固定型砂光机可用于模型砂光工作。图示为手持型带式砂光机，它可以用自制夹具或市售托架固定。

钻床和手钻
在制作便宜的模型时，钻床是十分有用的工具。若没有可供使用的钻床，也可以将手钻固定在台子上进行代替。

手持竖锯
这种类型的锯可用于粗切割和有限的曲线切割。比较明智的做法是在使用之前确认一下竖锯的功率，因为很多廉价的锯只能切割最薄的材料。

带锯
图中所示为一个小型的两轮带锯。（注：不要使用廉价的三轮带锯，因为其过紧的轮径会导致刀片折断。）

金属

模型很少完全由金属制成，但是用金属棒、金属线和成形的金属板作为组件却非常常见。

材料

许多这种材料都可以在五金商店买到。细金属棒和管，以及铜和铝的薄板，在大多数建模用品商店都有出售。大规格的金属材料可以在金属材料店购买。

（1）薄片

■ 铝和电镀防水板。

■ 电镀金属。

■ 青铜、黄铜和建模用的铝片。

■ 金属网筛、铜和玻璃纤维。

■ 孔径为 0.0625 ～ 0.5 英寸（0.32 ～ 1.27 厘米）的金属布。

（2）线材、棒材和管材

■ 铜、黄铜和钢丝。

■ 白色塑料涂层电线。

■ 铜、黄铜棒和铜管。

■ 衣架。

■ 大规格的钢线和铝线。

■ 钢筋。

（3）铝材

■ 铝棒。

■ 圆形和方形管。

■ 角铝。

（4）较大规格的金属材料

■ 棒。

■ 方形支架杆。

■ 钢板。

■ 角铁。

装配设备

切割、连接和弯曲较重的金属零件时可能会用到。

（1）连接

对于细棒和小金属板，可以将接合点焊接起来，在某些情况下，也可以用热熔胶粘起来。对于较大的部件，需要用螺栓连接或者焊接连接。

在薄金属上使用弧焊设备很容易在金属上烧出孔。为获得最佳效果，可使用熔化被惰性气体保护焊（MIG 焊）进行焊接（近来这项工艺的价格比较划算）。这些设备利用线轴上的金属丝作为临时焊接的金属棒使用，十分方便。同时它们很容易携带，而且耗能少。

薄金属还可以用氧 – 乙炔焊炬和点焊进行连接。（注：如果没有更专业的设备，铝是不能进行焊接的。）

（2）切割

细棒和薄金属板可以使用钢锯和罐头剪切割。较厚的金属，有时可以用金属切割砂轮或者电动轴锯箱来切割。电动竖锯（jigsaw）或往复锯（Sawzall）可以有效地切割厚度在 0.0625 英寸（0.16 厘米）以内的金属片。

对于重型切割，除了在大多数模型商店可以买到的设备外，还可以用氧 – 乙炔焊炬、电动钢锯、板材切割机、金属切割带锯、等离子焊炬和剪切机。

（3）弯曲

薄金属板和细金属杆用手就可以弯曲。有些可以用虎钳夹固定，然后用钳子或锤子进行弯曲加工。更厚一些的材料则需要使用一些特殊的设备，通常不会碰到这种情况。

如果对弯曲厚金属材料的方法有兴趣，可以参考下面几点：

■ 在弯曲之前，需要用氧 – 乙炔焊炬加热粗金属棒。

■ 弯曲厚金属板时，需要使用压弯机。

■ 型钢必须使用轧钢机进行弯曲，如金属管和角铁。

石膏

材料

铸模石膏，也称作"熟石膏"，五金店里有出售，而在 Sheetrock 品牌店里，可以找到 100 磅（约45.36 千克）纸袋包装出售的石膏。要确保使用"建模用石膏"，因为其他种类的石膏在干燥之后容易过度收缩。

工具

一旦石膏凝固，就可以像处理木头一样，用平面锉刀、砂纸、雕刻刀、凿子和带锯等工具进行打磨、切割和雕刻。

混合石膏

对于少量石膏的混合，可用 1 加仑（约 3.79 升）塑料桶或其他塑料容器，以及剪开的牛奶罐作为混合容器。对于大量的石膏混合操作，可以用大的油漆桶或 Sheetrock 牌的桶。石膏按照"两份石膏一份水"的比例来混合。先在容器中加入一定量的水，然后将石膏以细筛筛入水中，直到石膏在水面上形成漂浮的"石膏岛"。此刻，用手混合两者，直到所有的块状石膏都溶解掉。混合物的状态应该接近于布丁，如果用于涂抹，则可以再稀一些。对于类似纸浆的应用，这种混合物应该更稀，呈流动液体状。通过实践，可以很好地把握混合物的比例，一次就能调配完成，但是如果没能把握好比例，这时仍然可以向其中加入石膏使它变稠，或者加水稀释。

石膏凝固前可操作的时间很短，只有 10 ~ 20 分钟，因此最好快速混合，以便及时使用。如果你操作速度足够快，那么可以在同一个桶里连续混合，而不需要清洗容器。但是，一旦一份混合物在桶里开始变硬，桶就不能再用了，因为硬块会进入新的混合物中。

使用冷水可以延缓凝固的速度，而热水会加速凝固。如果混合物调配正确的话，在 30 ~ 40 分钟之后，石膏会变硬。这时可以立即在第一层石膏的顶部制作下一层的石膏，但打磨通常必须放置几个小时等待水分蒸发后才可以进行。

整理

那些容器在重新使用之前，必须清理出剩余的石膏。如果是一个柔软的塑料容器，那么很容易将干掉的石膏取出来。清洗容器的时候，要在容器中盛满水，使石膏沉淀下来，然后把它们扔掉。所有的石膏都应放在垃圾桶中，而不要将它们倒进水池，因为它会沉积下来，阻塞下水道。

锚固水泥

锚固水泥是很好的石膏替代品，而且容易获得，它比石膏要结实得多，故而通常不需要用金属网加固。

模型数据交换

测量模型以确定平面图形尺寸

完全以模型形式进行设计的工程，需测量出各种数据，并利用下面的方法，把这些数据转换到二维图形中。

测量空间中的交点到基准面和两个 90° 参考线之间的距离，并标记出 x、y、z 坐标，最好去购买或者制作一个适合于这种精细工作的尺子。需确保尺子底部边缘位置是 0 刻度线。

使用一个三角尺标记出平面上方的交点高度。这个三角尺还有助于将测量杆上的正确点直接定位在参考网格边缘的上方。参见第四章的"莫罗图书馆"一节。

此外，设计师也越来越多地使用类似于航空航天设计的数字化设备。将数字转换器放置在所需的点上，x、y、z 坐标轴的读数会自动被记录下来，并生成图形（参见第五章）。

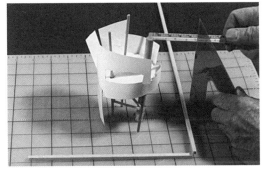

测量模型

三角板垂直于平面坐标纸，接触边与坐标纸 x 轴平行。通过一把直尺的帮助，可以测量模型竖向空间上某一点的高度。同时，这一点对应的 x 轴坐标值可以借助三角板读出。同理，将三角板水平旋转 90°，可以读出该点 y 轴坐标值。

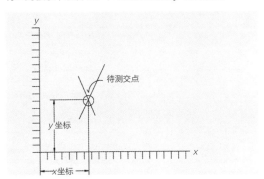

俯视图

该图是被测点的俯视图。通过该点作 x 轴和 y 轴的平行线，即可得到被测点的 x 与 y 坐标。

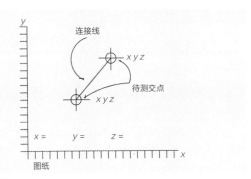

图纸

x、y、z 坐标值被标注在平面图上。可将两点之间的直线连接起来以描述交点在平面图上的形式。（注：z 轴只能在立面图和剖面图上显示出来，但是应该在平面图上注明。）

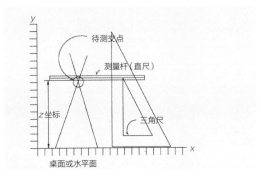

立面图

被测点的高度（z 轴）可通过三角尺读出。（注：这把三角尺还可以帮助维持参考网格和测量杆之间的直角关系。）

在二维视图中绘制模型

当建模信息的确定先于绘制信息时，必须对模型进行测量并将其转换为二维平面图、剖面图和立面图。尽管必须确保建筑尺寸的精准，但事实上只需要抓取关键的交叉点即可满足要求。

将复杂几何模型的所有点位全部绘制出来是一个非常耗时的过程。交叉点的位置必须保证精确，但是也可以采用其他简便的方法绘制出足够精确的模型图纸，以实现可视化的目的，并展现出立面的细节。

下面介绍了两种将模型转换为平面图和剖面图的简单方法。这两种方法都需要使用照相机或者复印机来得到与立面图或平面图"垂直"的图片。

照相

模型可以正面拍摄，并且可以从放大了的照片上描绘出轮廓。

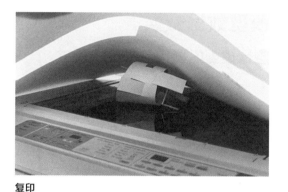

复印

可以将模型直接放置在一台复印机的玻璃上，制作出立面。见第四章的"莫罗图书馆"一节。

拍摄平面视图

这个模型的弯曲平面很难被全部测量，将它们还原到平面视图，就可以较容易地绘制出准确的图纸。

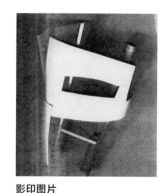

影印图片

可以依据得到的图像描绘出轮廓，并确定比例，它们可能有一点失真，但是直接测量的 x、y、z 坐标能保证构造精度。

模型摄影

摄影技术

虽然本书关于高质量数码相机快门速度和镜头光圈的信息有限，但根据以下指导，使用高质量数码相机可以得到较为满意的照片。在模型制作完成后就立刻拍照，是很明智的，因为模型随着时间的流逝会很快发生损坏。照相机可以使用自动设置，但是采用手动设置时，曝光参数的设置就变得极为重要。

曝光

在小光圈下（F8 ~ F16 之间），图像倾向于集中在前景和远景之间（景深），白色模型的表面会反射更多的光线，因此测光仪通常会设置为更小的光圈。使用中性灰色表面来测试仪表的读数是明智的。此外，为了避免人工光源造成干扰，最好曝光分段拍摄照片（在大于和小于读数的条件下都拍摄一下）。

快门速度

快速快门用来定格画面，在模型摄影中很少用到这个。但是，使用 1/15 ~ 1 秒的慢速快门，能使模型在弱光线包括人造光源的条件下被拍摄到。在人造光源下，自动设置并不能很好地工作。

户外光线

到户外拍摄是最简单的解决照明的方法，照相机能更好地判断照明条件。在无风晴朗的日子里，同时太阳在天空中的角度很低（一天中的清晨或傍晚）的情况下，可以产生最好的模型阴影效果。可一边转动模型，一边通过镜头进行观察，以试验不同的阴影效果。

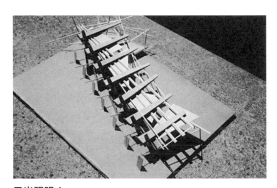

日光照明 1

在非常晴朗的天气下，利用下午或者清晨较低的太阳角度，可以达到高对比的照明效果。

阴暗天气的照明

即使在多云或者有大量阴影区域的户外环境下，也可以获得光线。

日光照明 2

也可以利用太阳产生的中等对比度，避免在极为光亮的天气条件下或者接近中午时拍照，模型可以在阳光下找到最佳的阴影角度。

室内照明

照明可以通过使用一个照明泛光灯来完成。使用单一光源的光线可以模拟太阳的投射效果。用白板进行反射既可以柔化光线，还能控制光线投射到模型上的方式。为了获得均匀的照明，可以在模型的两侧放置两盏灯。光源一定要在照相机镜头之外，最好放置在摄像机后面以避免产生亮斑。

你也可以在朝北的窗户旁拍摄模型，这时需要使用三脚架，同时快门速度必须很慢。将快门速度控制为1/15秒左右，同时用手或者其他支撑物来固定照相机。

日光照明

如果有足够的日光，也可以在室内为模型拍摄。朝北的窗户不仅能够提供充足的光线，而且可以避免在照片中出现窗框的阴影。同样，我们推荐使用较慢的快门速度进行拍摄。

模型上的侧面光线

单光源的灯泡可以让光线掠过模型的表面。可以用白板反射光线或者用布遮盖，以使锐利的光线变得柔和。

均匀的照明

将两个光源放置在模型两侧稍微靠前的地方，可以提供均匀的光照面。

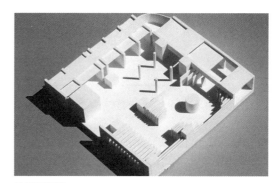

单光源光线

强烈的明暗对比使这个模型看起来像一座雕塑性建筑，这种阴影效果使用单光源就可以实现。一边旋转模型，一边调整光线，不断试验投影角度，这样可以取得最好的结果。

视图

可以从多个角度为模型拍照,具体取决于希望向人们传达出什么样的信息。总图或者鸟瞰图可以传达对总体建筑的感觉。从低视角仰视模型,可以给人一种站在现场,抬头观看这座建筑物的效果。模型潜望镜(一种特殊的设备,很像装配在照相机上的潜望镜)可用来拍摄室内图片,并能拍摄到人视点的图片,特殊的伸缩管和其他镜头设备也可以让照相机镜头伸入模型内部,而不需要伸缩镜头,从而降低了成本。

也可以直接对模型进行拍摄,尽可能消除透视的影响,产生类似立面图的图片,这些图片可以作为描绘轮廓的依据,用于从模型制作正交图纸。这一点在前面的"模型数据交换"一节中讨论过。

雕塑视点或模型视点可能是最常见的视点,用于捕捉模型作为三维物体的整体几何形态。

人视点

人视点的图片是在一定比例的人体高度上拍摄,来模拟一个人在空间中移动的视点。

鸟瞰视图

鸟瞰视图从上向下进行拍摄,它提供了一个复杂形体或者一个物体总体的照片。

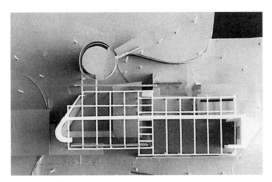

平面图立面图

这张图片在模型的正面拍摄,与模型平面成 90° 角,此种图片模仿了正交视图,通过在上面描绘轮廓,可以将模型视图转换为平面视图。

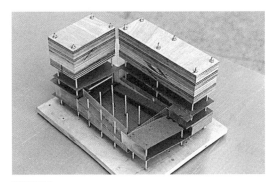

雕塑视图

雕塑视图与鸟瞰视图相似,但是是从较低的角度来展示这个结构的三维特性。

背景

　　一个表面光滑、纹理规则同时又能与模型形成强烈反差的背景（比如纸板、黑布或者棕色牛皮纸）对于拍摄可以达到很好的效果。干净、均匀的表面（比如混凝土或者地毯）可以作为户外背景，只要有足够的面积能使背景边缘在照片的范围以外即可。

　　下面介绍了几个例子，通过它们详细说明了背景是如何发挥作用的，作为背景从自然的天空到灰色背景纸都有。

黑色对照的背景幕

对于浅颜色的模型来说，深色的背景（例如黑布或背景纸）可以用来突出色调；而对于深色的模型，可以使用浅色纸。

蓝色纸

布置在模型后面的蓝色纸，可以用来模拟室外的天空。

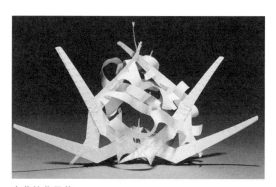

弯曲的背景幕

尽管深色的背景幕纸或布可能会使背景完全失去作用，但是将灰色和白色的纸放置在模型的下面并且卷起到墙壁上，可以产生一种渐变的色调。

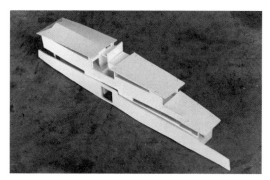

天然均匀的表面

混凝土地板、人行道、地毯或者其他色调均匀的表面可以用作中性背景。浅色表面应该用作深色模型的背景，深色调背景则用作浅色建筑的背景。

自然的天空

将模型放置在窗台并且以一定的角度拍摄，这个角度，可以排除所有不相干的物体，通过这种方法可以将户外的天空当作模型的背景。面向北拍摄会取得最好的效果，因为这样可以避免太阳的强光。

数字媒介

在过去的 15 年里, 视觉传达已经将数字媒体作为设计过程中不可分割的一部分。这使绘图和摄影方式有了很大的变化, 并且各种制图法也能结合在一起。

值得一提的是, 这些工具虽然有一些弊端, 但通常来说, 其优势还是远大于缺点的。

数码相机

数码相机是数字媒体不可缺少的一部分。

数码相机的规格从普通的快照型到高端的专业设备不等价钱也从100美元逐步上升到超过2000美元。为了获得最佳效果, 应使用可以手动设置的单反相机。在编写本书之时, 高质量的单反相机花 500 ~ 1000 美元就能买到。

模型文件管理

照相机设置

（1）分辨率

必须将照相机设置成高质量显示图片的模式, 低分辨率设置能节约照相机内存,但这样在放大图片时, 图片质量会非常差。用于发送电子邮件或其他低分辨率用途的图片, 可以在下载或复制完原图片后再缩小图片。

（2）压缩

压缩的过程抹掉了图片中的复杂信息, 并用类似的信息代替它们, 这会使图像变得模糊。最好使用最低或最小的压缩模式。大多数照相机能设置成原始文件模式（无压缩）, 但文件会特别大, 必须使用转换软件来处理图片。

手动设置

使用自动设置可能会拍出可接受的照片, 但照相机在弱光线的条件下, 自动模式几乎不会有效地降低快门速度。假如你的照相机具有手动设置的选项, 你应该学会使用该功能。

闪光（照明）

使用照相机内置闪光灯作为光源很难拍出高质量的图片, 除非要拍摄快照记录（如研究模型的相关记录）, 否则应该关闭闪光灯。通常使用日光灯或照相泛光作为替代的光源。（注：外部闪光可以通过天花板或其他反射物体反射来获得,但这种形式很难控制, 而且通常适用于那些有闪光附件的高端照相机。）

（1）光线识别

可以在光线识别时使用灰色卡纸来进一步修正。作为替代, 也可使用手动模式拍摄照片, 以保证曝光的正确性。

（2）固定照相机

在弱光或人工照明条件下, 需要将相机固定在三脚架上。由于大多数的中档照相机没有快门线, 因此必须十分注意在按按钮时对照相机施以均匀的压力。

（3）查看图片

非单反相机存在所谓的视差现象。确切地说, 当拍摄者接近拍摄对象时, 通过取景器观察到的景物会发生位移, 因此需要在显示屏上对齐拍摄。这种方法效果很好, 但是若在室外, 会由于光线影响而不易看清显示屏。

照片蒙太奇

下面展示了用 Photoshop 或 InDesign 等软件创建图层来制作的图片，右下角两张图片展现了蒙太奇技术的可能性。

图片被切割

这张图片是在工作室拍摄的。有一些不相关的背景元素，可以使用 Photoshop 或其他图像软件将背景中的这些部分遮盖或彻底抹掉。

照片蒙太奇

计算机渲染可以增强，并与扫描的人物和物体图像相结合，传达一个虚拟的空间图像。

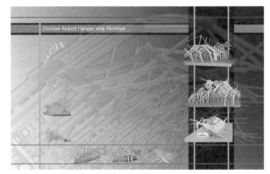

分层图片

图纸和照片可以从背景中截取下来，导入并缩放比例。每一类信息如文字、绘图、图片等都放在不同图层上，每一个图层都能进行颜色和透明度等的调整。图层化的图像可以互相叠加移动，而大背景图片能提供视觉联系，以关联所有元素。处理完成后，可以将各个图层合并成一张图片。

去掉背景中的图片

上图剪切掉了模型周围的不相关元素，并替换为黑色背景。

照片蒙太奇

实体模型的照片可以与场地照片结合起来。为了将建筑物放置于它所在的实际环境中，必须做很多工作使模型与场地之间的结合更加自然。

资源

建模书籍

以下书籍介绍了建筑模型的概念性方法以及展示模型制作的相关信息。其中一些已经绝版，但是通常能在亚马逊（Amazon.com）或是其他网站上找到二手书。

（1）Mark Morris, *Models: Architecture and the Miniature* （New York: John Wiley & Sons,2006）.

（2）Wolfgang Knoll and Martin Hechinger, *Architectural Models, Construction Techniques,* 2nd ed. （New York: McGraw-Hill,2007）.

（3）Fredrick Kurrent, *Scale Models: Houses of the 20th Century* （Translated from German into English: Gail Schamberger-Basel; Boston;Berlin: Birkhauser, 1999, out of print）.

（4）Akiko Busch, *The Art of the Architectural Model* （New York: Design Press, 1991, out of print）.

（5）Sanford Hohauser, *Architectural and InteriorModels*, 2nd ed. （New York: Van Nostrand Reinhold, 1982, 1993, out of print）

计算机模型书籍

为了进一步研究，下面列出的书籍介绍了计算机建模及其实现的不同方法。在编写本书之时，其中一些可能已经绝版，但是也能在亚马逊（Amazon.com）或是其他网站上找到二手书。

（1）Lisa Iwamoto, *Digital Fabrications: Architectural and Material Techniques* （New York,Princeton Architectural Press, 2009）.

（2）Kostas Terzidis, *Algorithmic Architecture* （Burlington, MA: Elsevier Ltd., 2006）.

（3）Greg Lynn, *Folds, Bodies and Blobs: Collected Essays* （Bruelles: La Lettre Vole,1998）.

（4）Greg Lynn and Hani Rashid, *Architecture Laboratories* （New York: Distributed Art Publishers, 2002）.

（5）Greg Lynn, *Folding in Architecture* （New York: Academy Editions, 1993）.

计算机建模软件

（1）3D Studio Max, Revit

公司 : Autodesk

网站 :www.autodesk.com

（2）Maya

公司 : Autodesk

网站 :www.autodesk.com

（3）TriForma

公司 : Bentley

网站 :www.bentley.com

（4）Form Z

公司 : Autodessys

网站 :www.autodessys.com

www.formz.com

（5）Rhinoceros

公司 : RSI 3D systems and software

网站 :www.rhino3d.com

（6）Google SketchUp

公司 : Google SketchUp

网站 :www.sketchup.google.com

（7）Rhino rendering

公司 : Rhinoceros

网站 :www.rhino3d.com

（8）Brazil

公司 : Robert McNeel & Associates

网站 :www.brazil.mcneel.com

（9）V-Ray

公司：Visual Dynamics

网站 :www.vray.com

（10）MEL

公司：Audodesk

网站 :www.usa.autodesk.com

（11）Generative Components GC

公司：Bentley

网站 :www.bentley.com

（12）Grasshopper

公司：Grasshopper

网站 :www.grasshopper3d.com

（13）Vectorworks

公司：Nemetschek

网站 :www.nemetschek.net

（14）Flamingo

公司：Flamingo

网站 :www.flamingo3d.com

（15）Penguin

公司：Penguin

网站 :www.penguin3d.com

事务所项目列表

马克·斯考林和梅里尔·伊莱姆建筑事务所（Mack Scogin Merrill Elam Architects）

布克海德图书馆（Buckhead Library）

BIS 大楼竞标（BIS Competition）

拉邦舞蹈中心竞标（Laban Dance Centre Competition）

赖斯顿博物馆（Reston Museum）

莫罗图书馆（Morrow Library）

特纳中心礼拜堂（Turner Center Chapel）

韦尔斯利学院校园中心（Wang Campus Center, Wellesley）

俄亥俄州立大学诺尔顿建筑学院诺尔顿大厅（Knowlton Hall, Knowlton School of Architecture, The Ohio State University）

耶鲁大学健康服务大楼（Yale University Health Services Building）

卡内基梅隆大学盖茨计算机科学中心（Gates Center for Computer Science, Carnegie Mellon University）

儿童博物馆（The Children's Museum）

康涅狄格大学艺术中心（Fine Arts Center, University of Connecticut at Storrs）

克拉斯、肖特瑞吉联合事务所（Callas, Shortridge Associates）

西格姆住宅（Seagrove House）

瑞特建筑事务所（Roto Architects Inc）

辛特·格莱斯卡大学 [Sinte Gleska University（SGU）]

多兰山艺术基地（Dorland Mountain Arts Colony）

卡松·瑞格住宅（Carlson-Reges Residence）

EMBT 建筑事务所 [Enric Miralles and Benedetta Tagliabue（EMBT）Architects]

帕拉福尔斯图书馆（Palafolls Library）

阿赛洛展馆（Arcelor Pavilion）

天然气大楼（Gas Natural Building）

圣卡特纳市场改造项目（Santa Caterina Market Renovation）

上海世博会西班牙馆（Spanish Pavilion for Expo Shanghai）

3XN 建筑事务所（3XN）

雷诺卡车展览场（Renault Truckland）

利物浦博物馆（Liverpool Museum）

比亚克·英格尔斯的 BIG 事务所（BIG Bjarke Ingels Group）

高山住宅（Mountain House）

斯卡拉（Scala）

上海世博会丹麦馆（The Danish Pavilion）

亨宁·拉森建筑事务所（Henning Larsen Architects）

哥本哈根歌剧院（The Copenhagen Opera House）

桑巴银行总部（Samba Bank Headquarters）

斯卡拉竞赛项目（The Scala Competition）

玛莎儿童活动中心（Massar Children's Discovery Center）

墨菲西斯设计公司（Morphosis）

伦斯勒理工学院的电子媒体和表演艺术赛场（Rensselaer Polytechnic Institute's Electronic Media and Performing Arts Competition）

埃森曼建筑事务所（Eisenman Architects）

文化城（The City of Culture）

盖里合伙人公司（Gehry Partners）

沃尔特·迪士尼音乐中心（The Walt Disney Concert Center）

毕尔巴鄂古根海姆美术馆（Bilbao Guggenheim）

巴塞罗那鱼（The Barcelona Fish）

格拉法罗建筑事务所（Garofalo Architects）

云朵项目（The Cloud Project）

安东尼·派德克建筑事务所（Antoine Predock）

亚利桑那科技中心（Arizona Science Center）

加利福尼亚州立理工大学管理大楼（Administration Building at California State Polytechnic University）

克拉克县政府中心（Clarke County Government Center）

斯宾塞表演艺术剧院（Spencer Theatre for the Performing Arts）

考布·希莱鲍建筑事务所［Coop Himmelb（l）au］

开放式住宅（The Open House）

汇合博物馆（Musée des Confluences）

科学中心博物馆（Science Center Museum）

怀特宝马总部大楼（BMW Welt）